CONTENTS

以貼布縫描繪的四季花圈 2

特輯
連接幸福的小巧拼布 4

新連載
專為拼布設計的刺繡
「格紋棉布繡」鷲沢玲子 22

形狀美麗的口金手提袋與波奇包 26

以印花布為主角的拼布 38

以拼布＋PVC透明塑膠布製作
手提袋＆波奇包 44

PVC透明塑膠布的處理技法 51

運用拼布搭配家飾 52

想要製作、傳承的傳統拼布 56

基礎配色講座の配色教學 60

生活手作小物 64

PATCH WORK 拼布教室
Winter Edition 2021-2022
no.25

迎來了2022年，
一起集中心思致力於拼布創作吧！
在小巧拼布特輯裡，
滿載了平時累積的零碼布，
進而製作而成的作品。
請盡情地品味將相同形狀的布片專心併接的樂趣，
外出的機會漸漸增加，本期亦推薦外出用的布小物。
口金包及波奇包，使用流行的PVC透明塑膠布製成的便利包，
或是手提袋，除了自用，作為贈禮也相當討人喜愛。
在光明的前景曙光正逐漸明朗的此時此刻，
請親手觸摸喜愛的布料、進而併接，
以拼布儲蓄您的正能量，
一起期待美麗春季的到來吧！

拼布圖形實作教室
「風車」指導／佐藤尚子 70

使用耐熱貼布縫燙墊
完成簡單貼布縫 77

繁體中文版特別收錄
小編帶路！
「2021台灣拼布藝術節～
屏東"幸福"Follow me」精彩花絮 78

拼布基本功 80

隨書附贈
原寸紙型＆拼布圖案

U0086787

以貼布縫描繪的四季花圈

橫跨8期陸續為讀者們介紹，由原浩美老師使用先染布製作的花圈壁飾，將於本期進入最終回。
下一期將以全新面貌，開始花朵主題的月刊拼布連載，敬請期待！

①

日本和花綻放的
新年花圈

於菊花、山茶花、南天竹上添加稻穗及餅花的新
春風花圈，宛如裝飾盤一樣的華麗。運用深藍色
襯托設計，收納於長方形框飾內，製作成掛軸風。

設計・製作／原 浩美　52×35.5㎝　作法P.84

菊花、山茶花、南天竹
杯墊

為新年款待所準備的3件小物。尺
寸作得稍大一些，以期放上器皿
後，也能欣賞貼布縫的手作樂趣。

設計・製作／原 浩美　11×15cm
作法P.84

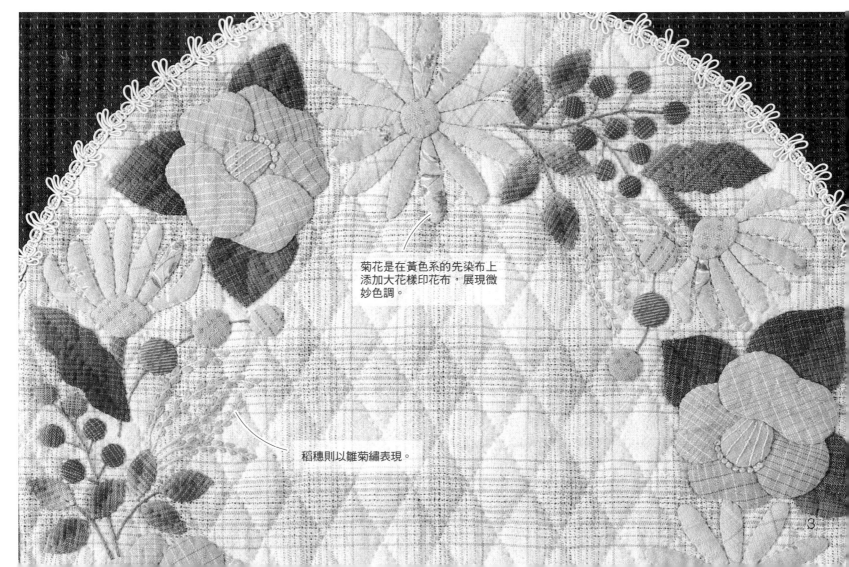

菊花是在黃色系的先染布上
添加大花樣印花布，展現微
妙色調。

稻穗則以雛菊繡表現。

3

享受四角形、六角形、三角形……
連接幸福的小巧拼布

為讀者介紹將一片布及大小不一的布片加以組合，享受唯有拼布才有的配色與設計樂趣的作品。
正因為作法簡單，所以請以壓線及重點運用，提升作品的等級吧！

5

講究壓線與配置
的四角形併接

持續將婚戒狀的壓線線條添加至飾邊處，
並活用線條，製成扇形飾邊。

於大片的正方形布片上，均衡地配
置小碎花及大花樣的花朵圖案印花
布。為了更凸顯出淺粉紅同色系的
溫和印象，添加了婚戒狀的壓線，
並且沿著線條，裝飾珠子及蕾絲，
詮釋高尚典雅的氛圍。

設計‧製作／佐々木祐子
86×106cm　作法P.86

將以正方形及長方形製成的
正方形區塊，進行色彩繽紛
配色的壁飾。中心處配置上
白色素布，用以凸顯出花朵
壓線線條的醒目。

設計‧製作／津田真沙子
97.5×97.5cm

6

作法

材料
各式拼接用布片 C用布110×90cm（包含
滾邊部分）鋪棉、胚布各110×110cm

作法順序
拼接布片A與B，製作25片表布圖案，併
接成5×5列→接縫布片C，製作表布→疊
放上鋪棉與胚布之後，進行壓線→將周圍
進行滾邊（參照P.82）。

※布片Ａ、Ｂ原寸紙型&原寸壓線圖案
紙型A面⑨、B面⑰。

表布圖案的
配置圖

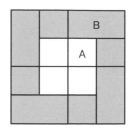

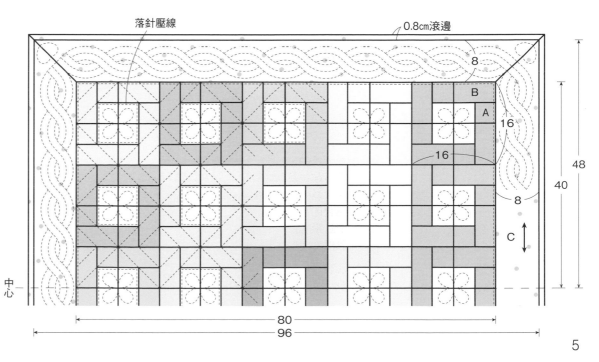

落針壓線

0.8cm滾邊

8

B

A

16

16

48

40

8

C

中心

80

96

5

將精緻細膩的LIBERTY印花布加以併接，並於接縫處裝飾人字繡的手提袋。簡單的四角形併接，布片的花樣則成為主角。

設計・製作／松本真理子
20.5×28㎝　作法P.87

內附束口袋布，
袋口能確實地束緊關閉。
亦可將之打開後，收納於內部使用。

以花朵圖案×條紋、點點花樣進行配色的扁平波奇包。減少布片數量，並且井然有序地進行排列。以蕾絲裝飾增添幾分華麗感。

設計・製作／伊藤知美
20.5×28㎝　作法P.86

以同色系零碼布組合而成的波奇包，以及「四宮格」圖案的手機收納袋。手機袋為了方便拿取存放，因此製作成無拉鍊的款式。

設計／岩崎美由紀
製作／波奇包 岩崎美由紀　10.5×16cm
　　　手機收納袋 上野純子 15.5×10cm
作法P.88

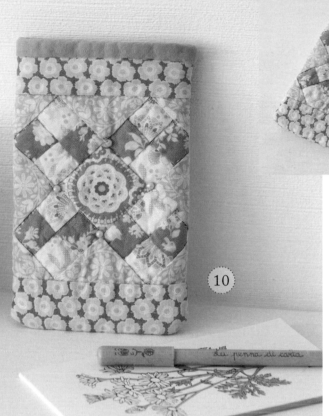

將1cm與1.5cm正方形的迷你尺寸布片，併接成有如馬賽克花樣般的波奇包。僅以先染布進行配色。

設計・製作／加藤まさ子
11×17cm　作法P.87

斜向進行四角形併接，為了於縱向呈現花樣，因此作出深淺差異進行配色的手提袋。將使用在布片上的花朵圖案印花布的成組花朵進行貼布縫後，形成特色焦點。

設計／熊谷和子（うさぎのしっぽ）
製作／及川惠美子
28×25cm　作法P.89

12

側身亦同袋身，製作成四角形併接的設計。

沿著蕾絲布的花樣，
描繪柔和的拼布線條。

(13)

(14)

將「九宮格」與素色區塊以蕾絲布、灰色和淺膚色系的自然色調組合的
裝飾墊，以及斜向配置，並運用紫色的深淺進行配色的抱枕。抱枕則添
加了連結布片邊角的圓弧壓線。

裝飾墊設計・製作／額田昌子　43.5×43.5cm
抱枕設計・製作／村上美智子　45×45cm　作法P.103

No.13 裝飾墊

材料
各式拼接用布片　B用印花布25×25cm　B用蕾絲布
50×35cm　滾邊用寬3.5cm斜布條190cm　鋪棉、胚
布各50×50cm　25號繡線適量

作法順序
拼接9片布片A之後，製作16片「九宮格」的表布
圖案→與2種布片B接縫之後，製作表布→疊放上
鋪棉與胚布之後，進行壓線→進行刺繡（參照
P.110）→將周圍進行滾邊（參照P.82）。

作法重點
○「九宮格」部分的壓線是以繡線進行。

※布片B原寸紙型&弧線線條
　原寸圖案紙型A面⑦。

原寸紙型

A

0.8cm滾邊

落針壓線

刺繡

6

6

A

B

沿著花樣進行壓線

42

42

將以大小正方形及長方形布片完成的區塊，加以組合而成的傳統配置。如鎖鍊般併接的模樣浮現在白色底布上。於飾邊上將布片進行貼布縫，作為重點設計。

設計・製作／小岩井マリ子
146×146cm　作法P.85

15

以鮮豔繽紛的色彩將「郵票」圖案進行配色的床罩。有如包圍著中心5片布片似的作出差異進行配色。

設計・製作／鈴木ひとみ
188×160㎝　作法P.90

16

將「祖母的花園」圖案無間隙地
排列組合而成的手提袋。於圖案
之中添加了3層圓形壓線，作成
使人感受到廣度的設計。

設計・製作／熊谷和子
　　　　（うさぎのしっぽ）
26.5×34.5cm　作法P.91

17

後片接縫了2種
併接圖案的口袋。

以「祖母的花園」表布圖案為主角，作成
呈現對稱形的藝術風設計。將周圍有如邊
框似的以深色進行配色。

設計・製作／岡 由紀子
152.5×119cm　作法P.89

在以冷靜的綠色為主色調的先染布上，將白色的小雛菊進行貼布縫的清新風3 WAY手提袋與肩背包。
無論是雞蛋的造型，或是下部抓取尖褶後，帶出渾圓感的形狀，都營造出柔和的印象。

設計・製作／德田昌代
手提袋 35×37cm
肩背包 19.5×37cm
作法P.92

19

20

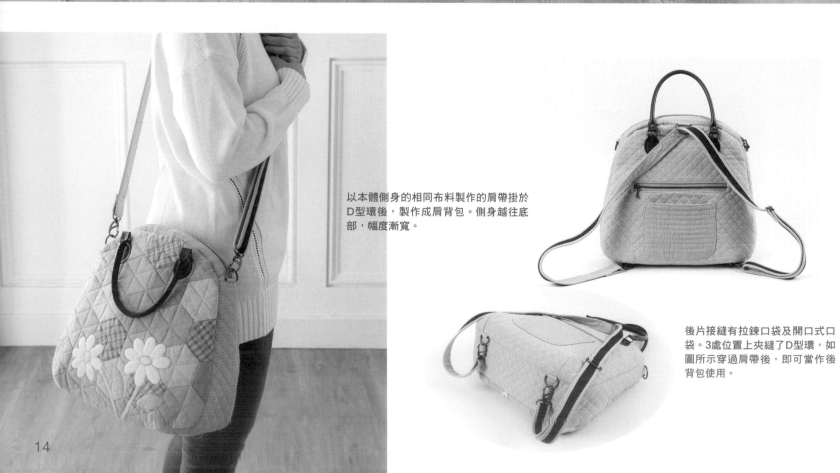

以本體側身的相同布料製作的肩帶掛於D型環後，製作成肩背包。側身越往底部，幅度漸寬。

後片接縫有拉鍊口袋及開口式口袋。3處位置上夾縫了D型環，如圖所示穿過肩帶後，即可當作後背包使用。

服貼身體，易於使用的2件機能型斜肩小物袋。
將一片素布及運用零碼布的拼接區塊組合後，
作出視覺層次的設計。

No. 21 設計・製作／佐藤陽子　20×26cm
No. 22 設計・製作／栗栖惠里子　21×21cm
作法P.94

作品No. 21的機能型斜
肩小物袋的袋蓋能夠以
磁釦確實固定。

作品No.22的機能型
斜肩小物袋，於後片
接縫口袋。上部附有
金屬釦眼，用來安裝
肩帶。

有趣的鋸齒狀模樣的
三角形併接
▲ - - - - - - - - - - - - - - - - - - ▲

使用5片已將三角形布片併接成
四角形的表布縫製成手提袋。由
於白色底布與零碼布的組合顯得
清爽俐落，因此就算大量併接，
也不會過於雜亂。

設計／常盤幸子
製作／柴田さつき
29×48cm　作法P.93

23

將等腰三角形的布片，有如
節慶掛飾般的進行配色的波
奇包。長長的拉鍊不僅容易
打開，也完全成了特色焦
點。

設計・製作／成田鈴子
8×21cm　作法P.102

24

將1種三角形布片利用深淺
進行配色,並生動地描繪
出有如風車般的模樣。正
因為是簡單的小巧拼布,
所以才能享有如此的樂
趣。

設計‧製作/佐藤弘子
102×102㎝

25

作　法

材料
各式拼接用布片　滾邊用
寬4㎝斜布條415㎝　鋪棉、
胚布各110×110㎝

作法順序
拼接布片A之後,製作表
布→疊放上鋪棉與胚布之
後,進行壓線→將周圍進
行滾邊(參照P.82)。

※布片A原寸紙型A面④。

1㎝滾邊　　　中心　10

A

10

0.3

50

中心

50

26

運用4片梯形布片描繪出風車花樣的「拼圖」圖案。製作成相同花樣連續出現的鑲嵌式密鋪配色。將表布圖案部分的綠色×白色的清爽色彩,利用上下的藍色加以統整。

設計・製作/神林京子
39.5×31cm　作法P.95

於上部8處位置安裝金屬釦眼,以便用來穿通提把。為了避免提把移動,於脇邊部分縫合固定於本體上。只要掛於肩上,袋口就會自動的關閉。

於鮮明色調的「風車」圖案上再搭配茶色
縫製而成的手提袋與波奇包。可以體驗如
同作品No.27使花樣一個一個地呈現出
來，或是如同作品No.28一樣作成連續花
樣的樂趣。

手提袋設計・製作／上村千惠子
20.5×34.5cm
波奇包設計・製作／後藤洋子
15×21.5cm　作法P.90

27

28

No.27 手提袋

材料
各式拼接用布片　袋底、側身用布50×40cm（包含滾邊部分）
鋪棉、胚布各70×60cm　長30cm提把1組

作法順序
拼接布片A之後，製作2片袋身的表布，並與袋底、2片側身接
縫之後，製作表布→參照圖示進行縫製。

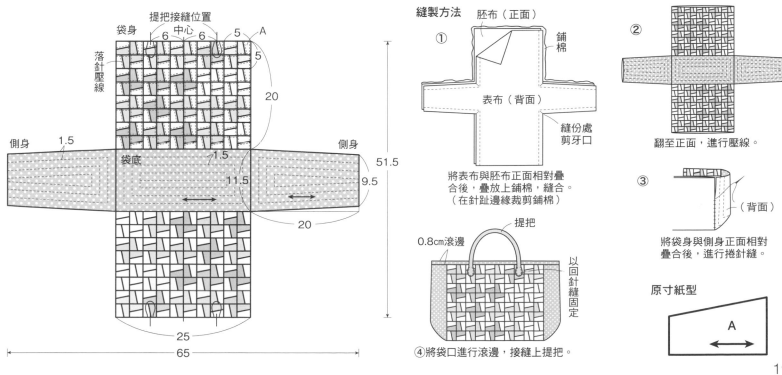

袋身

提把接縫位置
中心
6　6　5　A
5

落針壓線

側身　1.5
袋底
1.5
11.5
9.5

20
20

側身

51.5

25
65

縫製方法

① 胚布（正面）
鋪棉
表布（背面）
縫份處剪牙口
將表布與胚布正面相對疊
合後，疊放上鋪棉，縫合。
（在針趾邊緣裁剪鋪棉）

② 翻至正面，進行壓線。

③ （背面）
將袋身與側身正面相對
疊合後，進行捲針縫。

提把
0.8cm滾邊
以回針縫固定
④將袋口進行滾邊，接縫上提把。

原寸紙型
A

配色重點

〈四角形併接〉

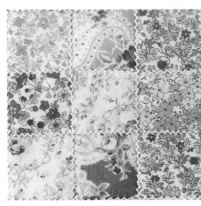

布底為條紋或格紋花樣的花朵圖案作出適度的變化。

使用紫色的同色系將「九宮格」與素色區塊進行配色。搭配上大小相似的花朵圖案，並將圖案盡量以靠近布片的中心進行裁剪，使其保持規則性。素色的布片則扮演緩衝的角色。

美麗的碎白花紋LIBERTY印花布配合色彩的飽和度，非但不顯雜亂，還能整合出高尚感。選用可融入布面中的白線，並於接縫處進行刺繡，使布片的界線更為融合。

將以顏色及花樣作出差異的3種布片斜向交替排列，形成律動性的配色。

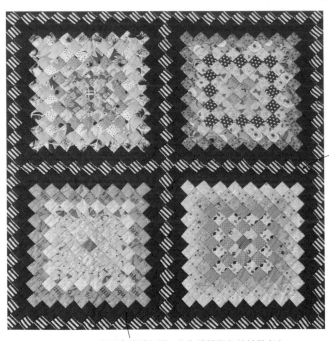

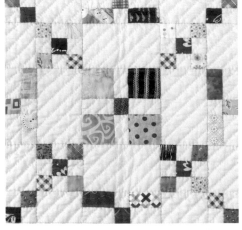

格狀長條飾邊統一直條紋的方向，扮演整合的角色。如上圖所示，形成圖案的直條紋花樣呈現柔和的表情。

將正方形斜向排列，並強調鋸齒狀線條，來進行配色的「郵戳」圖案。於每一列變換色彩及亮度之處即為重點所在。

以「九宮格」及「四宮格」、長方形區塊等組合而成的傳統配置，進行有如描繪馬賽克圖案般的配色。關鍵在於以白色布為基底，進行色彩分明的顏色區分。

以紅色的素布將圖案雙重包圍，作為繽紛配色的統整角色。

〈六角形併接〉

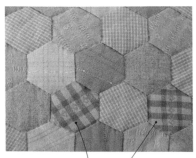

變換格紋的圖案方向

添加重點色

以用來統一同色系及色調的布片進行整合時，只要透過變換圖案的方向，或是添加強調色，即可避免單調感。

「祖母的花園」是將中心的花蕊配置上相同的布片，以呈現出統一感。亦可配上淺色，襯托出花瓣的美麗，或是利用深色花樣布的裁法，營造不同的變化。

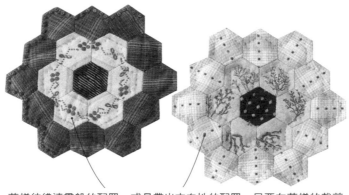

於「祖母的花園」外側,包圍上3層併接的布片。運用微妙色差的粉紅色,呈現有如漸層般的模樣。

花樣彷彿連貫般的配置,或是帶出方向性的配置,只要在花樣的裁剪上多費一些功夫,即可強調表布圖案的特色。

花色豐富齊全的先染格紋布,不論是用來帶出律動感,或是在重點的使用上都相當方便。

〈三角形併接〉

依照三角布片的方向及配色的不同,可描繪出如上圖所示的「動感之星」圖案。

〈拼圖〉

將已接縫4片梯形布片的圖案排列時,進行有如呈現風車模樣般的配色。形成與白底的圖案交替配置,作出層次分明的感覺。

〈風車〉

區塊

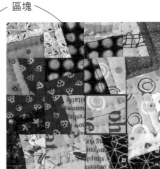

將4片已接縫2片梯形布片的正方形區塊變換方向後進行排列,描繪出風車的模樣。即使是相同的區塊,只要變換醒目的部分,即可描繪出像上圖般如此不同的圖案。

使布片更加醒目的壓線設計

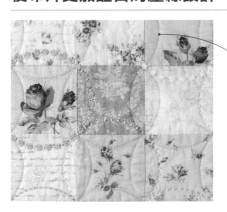

只要畫一個以正方形的中心開始至邊角為半徑的圓,即可呈現出戒指重疊的模樣。

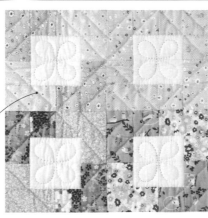

只要以直線連接邊角與邊角,即浮現出正方形,得以取得與圖案之間的協調。

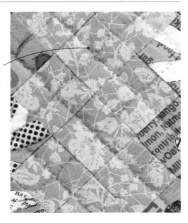

將布片的中心進行交叉的直線線條。

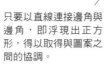

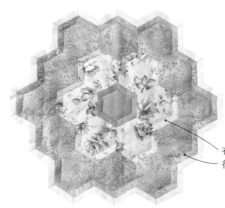

於圖案的中心添加3層圓形線條,營造優雅的印象。

添加與圖案布片的邊呈平行的直線線條。

布片的線條進行一圈壓線後,強調圖案的形狀。

專為拼布設計的刺繡

心形拼布（Quilt of heart）……鷺沢玲子

鷺沢玲子老師針對用來漂亮裝飾拼布的各種刺繡，進行4回單元解說。
第1回單元為格紋棉布繡。

指導、作品設計・製作／有木律子

1.

格紋棉布繡

沿著格紋棉布的方格，進行十字繡
及直線繡等簡單的刺繡。底布的顏
色與繡線的顏色交織而成的可愛模
樣，成為拼布的特色焦點。

紫羅蘭色裝飾墊

於角落處添加上以刺繡填滿的心形圖案。
橫渡在雙十字繡上的藍色花朵圖樣更顯華
麗多彩。飾穗亦是以繡線製作而成。

32×32cm
作法 P.96

附提把波奇包

在粉紅色的格紋棉布上，以粉紅色及藍色2色進行刺繡。粉紅色的刺繡宛如格紋花樣般融入其中，使藍色刺繡更顯耀眼。

14 × 22cm
作法 P.96

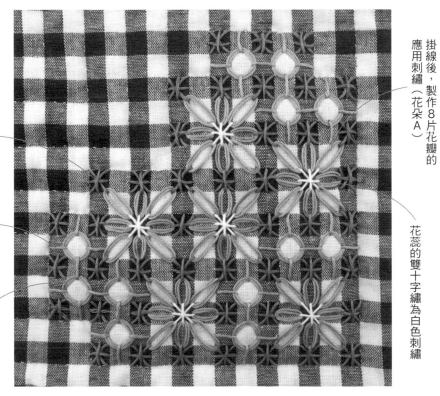

雙十字繡

直線繡

圓形花樣的環形繡

掛線後，製作8片花瓣的應用刺繡（花朵A）

花蕊的雙十字繡為白色刺繡

雙十字繡

掛線後，製作4片花瓣的應用刺繡（花朵B）

於刺繡上捲續繡線的雙十字繡的應用

23

格紋棉布繡

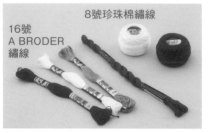

8號珍珠棉繡線

16號
A BRODER
繡線

繡線

推薦繡線為16號A BRODER繡線。鬆撚製成的柔軟線材，使用上不易起毛，成品美麗。無法取得的時候，亦可取8號珍珠棉繡線或3股25號繡線使用。A BRODER繡線與8號繡線則取1股線使用。
（素材協力廠商／DMC株式會社）

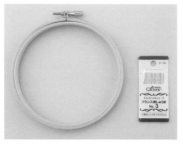

刺繡框與刺繡針

張開布面使用的刺繡框，直徑12cm使用上最為方便。刺繡針則使用3號法國刺繡針。
（工具協力廠商／可樂牌Clover株式會社）

關於格紋棉布

方格布的基本款格子花紋棉布，無論色彩及格子大小都五花八門。書中介紹的作品則使用大約0.6cm平方的方格布。
（工具協力廠商／有輪商店株式會社）

基本刺繡

將布片置放於內側的刺繡框上，並鑲嵌上外框，鎖緊螺絲。整理布面以避免格子歪斜。

直線繡

將繡線穿入刺繡針，並將線端作線結。從背面刺入刺繡針，再於格子的上下中心處出針，於每1格出入針。

雙十字繡

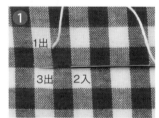

1 — 1出　2入　3出

從格子的邊角出針，並於對角入針後，再於相鄰的邊角出針。

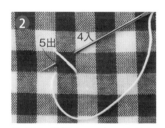

2 — 4入　5出

於對角的邊角入針，並於左邊的上下中心出針。

3 — 6入　7出

於右邊的上下中心入針，並於上邊的左右中心出針。

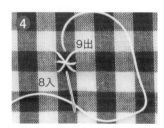

4 — 8入　9出

於下邊的左右中心入針。

5

完成1目的模樣。

連續進行雙十字繡的情況效率更佳

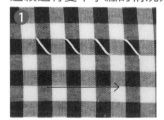

1

於每條橫列上重複進行從邊角開始刺於對角上的斜向刺繡。

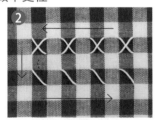

2

接著於反方向進行斜向刺繡，並於下一列渡針後，進行斜向刺繡。

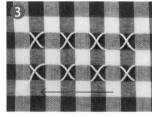

3

依照上一列的相同作法，於反方向進行斜向刺繡。

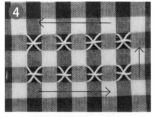

4

進行橫向刺繡，並於上一列渡針後，進行橫向的刺繡。

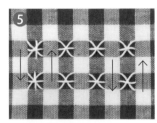

5

依照箭頭所示的方向持續進行縱向的刺繡。

環形繡

1

於上下左右繡上4目直線繡。

2

於下方直線繡的右側出針後，再由針頭處※開始穿縫於刺繡由。
※為了避免拉扯到繡線。

3

將刺繡針於刺繡中穿縫一圈，共進行2圈。於每1目進行穿縫，待拉法純熟後，亦可每2目進行。

4

最後，於最初出針的直線繡的底部入針。

5

完成圓形花樣。

應用的刺繡

花朵A……於基礎的刺繡上掛線後,製作花朵模樣。請注意使第1圈及第2圈拉線的力道一致,並且避免拉線過緊。

1 製作9個雙十字繡,並依照環形繡的相同作法,於刺繡的側邊出針後穿縫,進行2圈。首先,於中心的斜向刺繡及右上角的刺繡中穿縫繡線(①出②入),並於中心的縱向刺繡的底部出針(③出)。

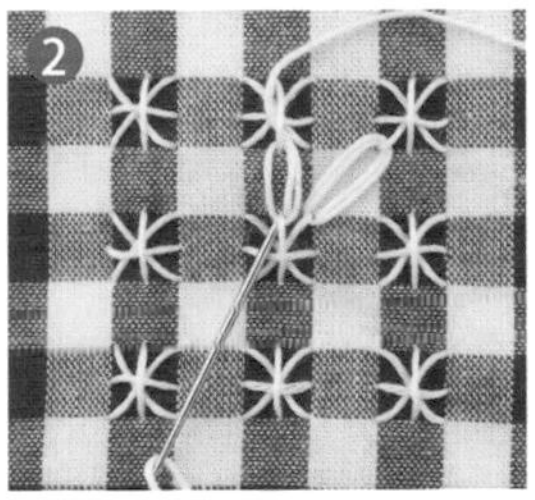

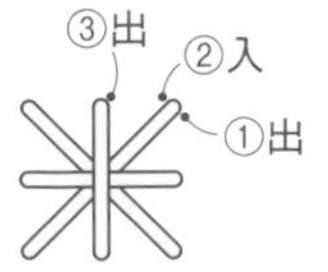

2 於中心及上方的刺繡中穿縫繡線,進行2圈。

3 於斜向刺繡的底部出針。

4 於左上角的刺繡中穿縫繡線,並依照相同作法,進行下一個步驟。

5 完成8片花瓣的模樣。

花朵B

僅於對角處穿縫繡線,就會形成4片的花瓣。

雙十字繡的應用

1 從雙十字繡的刺繡中心附近出針。

2 將繡線上下交替進行後,於刺繡中穿縫一圈。

3 於最初出針之處入針後,再於背面出針。

拼布圖案＋格紋棉布繡

將格紋棉布裁剪成正方形的布片時,請決定好中心位置後,盡可能裁剪成帶有格子縱橫均等的布片。
另外,配合想繡的格紋棉布繡的花樣,也請一併確認格子的數量。

花籃

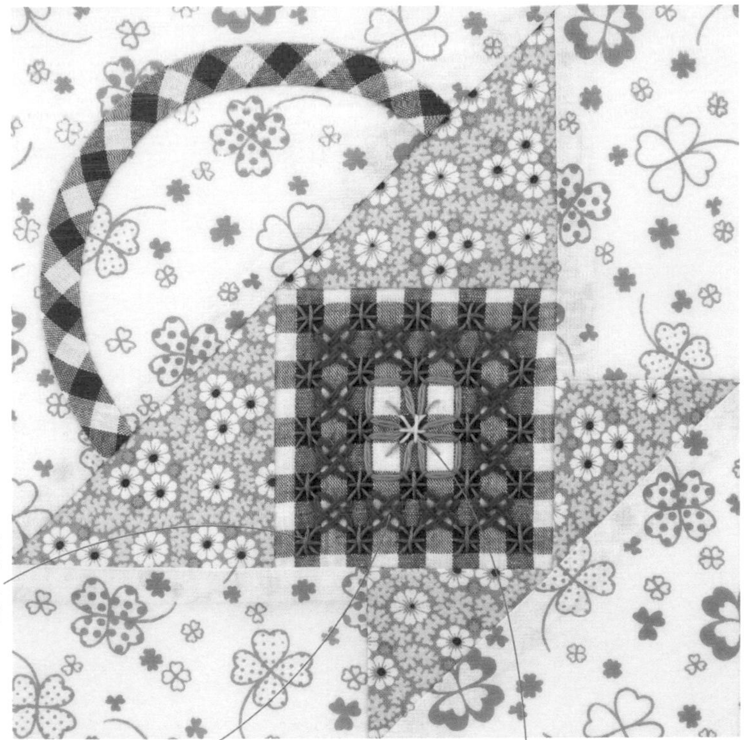

雙十字繡

雙十字繡的應用

應用的刺繡(花朵C)

黃昏之星

應用的刺繡(花朵A)　　雙十字繡

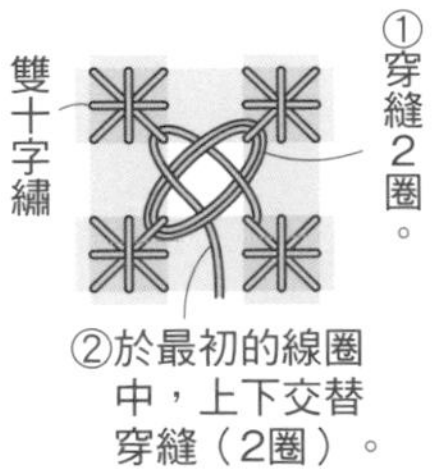

雙十字繡

①穿縫2圈。

②於最初的線圈中,上下交替穿縫(2圈)。

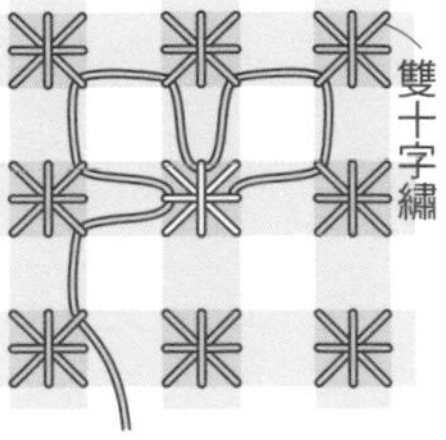

雙十字繡

①從中心的刺繡出針,依照圖示穿縫繡線(2圈)。

直線繡

②於中心的雙十字繡邊緣進行直線繡。

25

形狀美麗的
口金手提袋 & 波奇包

介紹使用口金的時尚手提袋及可愛的波奇包。並附有
口金安裝方式與專為完美製作的詳細解說。

使用鋁製夾式口金製作的
手提袋&成組波奇包

活用大花印花布的「八角形圖案」的手提袋，是將方形
的夾式口金穿入後，縫製成漂亮的形狀。亦請一併製作
成組的同款附接縫型口金的小巧波奇包。

設計・製作／鎌田朋子
手提袋　28×45.5cm
波奇包　10.5×12cm
作法P.97

為使口金更易開啟而接縫了釦絆。
一打開口金，袋口即大幅度敞開。

口金提供／INAZUMA（植村株式會社）
布料提供／（Tilda・WINDY DAYS混紡布，水毛布）／有限會社Scanjap Incorporated（Tilda）

26

從鋁製夾式口金推算手提袋的尺寸　指導建議／鎌田朋子

型號 BK-2573

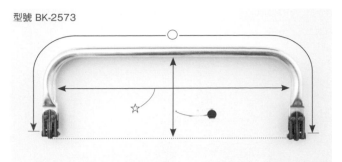

以鉸鍊旋轉軸部分除外的口金長度（○）為基準，算出本體的橫長及口布的長度。

口布
1
1.5
黏貼上原寸裁剪的接著襯
能使口金輕鬆穿過的寬度

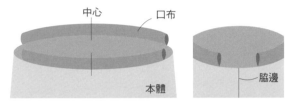

中心　口布
本體　脇邊

將口布接縫於本體上時，將中心對齊。

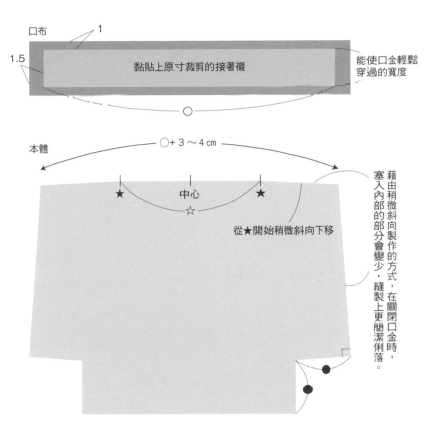

本體
○＋3〜4 cm
中心
從★開始稍微斜向下移

藉由稍微斜向製作的方式，在關閉口金時，塞入內部的部分會變少，縫製上更簡潔俐落。

刊載於P.26的手提袋的橫長，已於口金的長度（○）添加了充分的寬度。側身的寬幅只要製成與口金的縱長尺寸相同，即可早現出良好的平衡感。

鋁製夾式口金的安裝方法

1 於本體表布及裡袋的上部包夾著口布縫合後，縫製完成。

2 以釘錘敲打用來固定口金鉸鍊的旋轉軸，並以尖嘴鉗拔出後，取下。兩側皆應取下。

旋轉軸

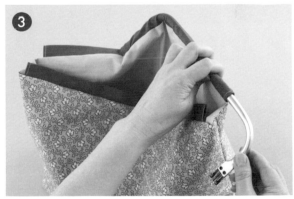

3 將口金1支1支的穿入口布之中。

4 另一邊的口布也穿入口金。

5 使鉸鍊對齊。

6 以尖嘴鉗夾住鉸鍊的鏈爪的最頂端部分，以使洞孔對齊，好穿入旋轉軸。在此階段，旋轉軸只能穿至一半。

7 以尖嘴鉗夾住最底端的鏈爪，使洞孔對齊，將旋轉軸穿至最後。

渾圓波奇包&
扁平眼鏡收納袋

波奇包接縫了側身，形成圓滾滾的造型。眼鏡收納袋則為了能使眼鏡整齊收納其中，因此製成扁平狀。配合以花朵貼布縫及珠飾製成的本體，於接縫口金時，一邊穿入珠子一邊接縫，營造奢華風格。

設計・製作／吉川欣美琴　波奇包　12.5×15.5cm
眼鏡收納袋　19.5×9cm　作法P.98

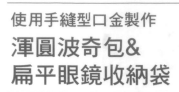
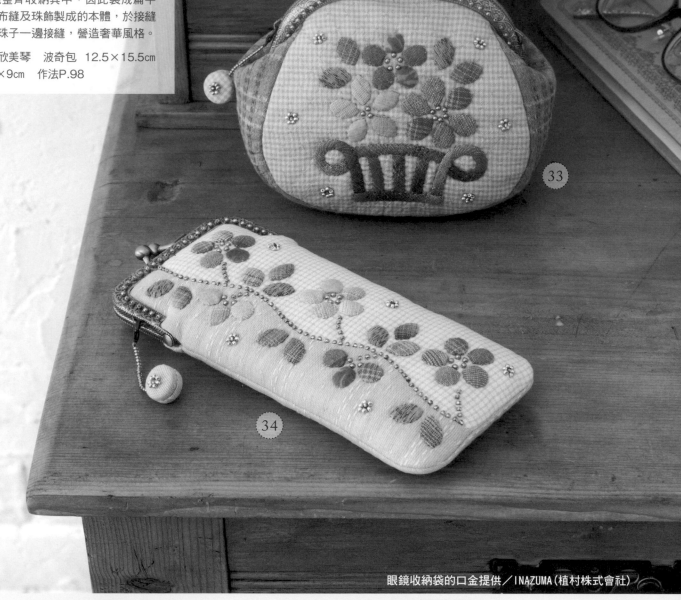

33

34

眼鏡收納袋的口金提供／INAZUMA（植村株式會社）

縫製成方便口金全開的樣式，容易拿取收放眼鏡。

另一邊則以貼布縫縫上花束圖案。

接縫一圈側身的款式，具備良好的收納能力。

從口金推算本體的尺寸

欲使本體呈現出鼓起狀時

型號 BK-872

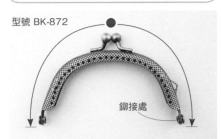

鉚接處

從鉚接處至鉚接處的長度（●）為基準，算出本體的開口長度。只要將開口線條製作得比口金弧度更加平緩，即可形成鼓鼓的渾圓形狀。以2片縫製而成的款式為例進行解說。

●

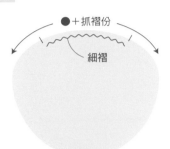

●＋抓褶份

細褶

欲使本體製成扁平狀時

品番 BK-801

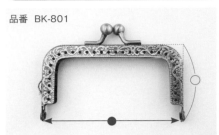

以口金的橫幅（●）及縱幅（○）的尺寸為基準，算出本體的橫長及止縫的位置。以P.28的眼鏡收納袋為例進行解說。

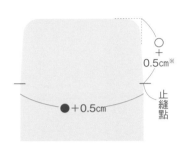

○＋0.5cm※

●＋0.5cm

止縫點

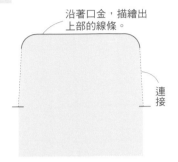

沿著口金，描繪出上部的線條。

連接

※製作上為使口金更易於全開，因而附加＋0.5cm的寬度。

手縫型口金的安裝方法

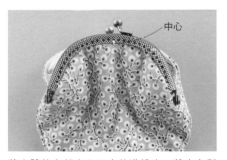

中心

將本體的上部塞入口金的溝槽中，將中心對齊，並以疏縫線將中心、兩端疏縫固定。

取2股粗繡線或蠟線等，進行回針縫。請注意避免無疏縫的部分脫離溝槽。

亦可一針一針的縫合。

一邊穿入珠子一邊縫合

配合裝飾珠子的本體，因而接縫上直徑大約0.2cm的小珍珠。

於表側的孔洞出針，穿入珠子後，再於相同的孔洞入針。使用2股的繡線，避免珠子寬鬆，請確實拉緊繡線。

祕技

手縫型口金雖無使用紙繩，但如想要更加牢固地縫合口金時，亦可將紙繩縫於本體的袋口處，或附在已塗抹白膠的口金之後，再行接縫。（指導建議／吉川欣美琴）

使用大尺寸手縫型口金製作的
2 WAY手提袋

將先染布隨機併接,並將花朵貼布縫作成特色。兩側接縫寬版的側身,收納能力特別出眾。只要取下肩帶,即可變身成手提袋。提把為了能在當作肩背包使用時倒放收納,故以口型環安裝固定。

設計・製作／信國安城子　27×31cm
作法P.31

35

後側接縫口袋。並使用附釦絆的磁釦固定。

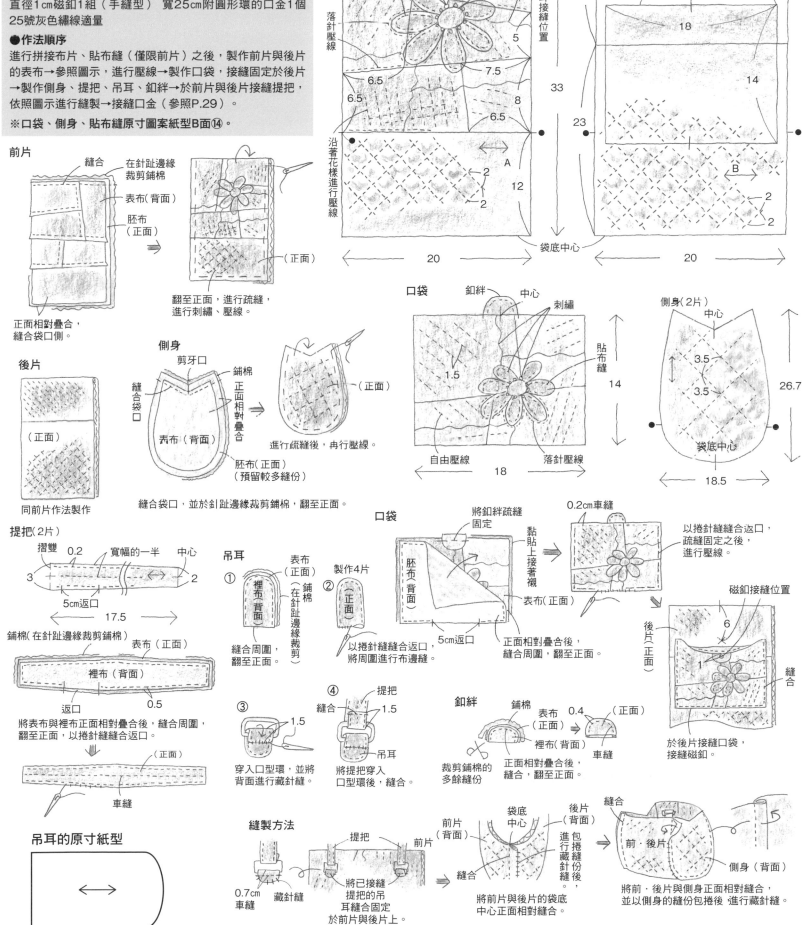

手提袋

●材料

各式拼接用布片、各式貼布縫用布片（包含釦絆、前片的吊耳部分） A・B用布45×40cm（包含提把、後片的吊耳部分） C用布25×15cm 側身用布45×30cm 鋪棉、胚布各80×55cm 接著襯20×20cm 內徑尺寸2.2cm口型環4個 直徑1cm磁釦1組（手縫型） 寬25cm附圓形環的口金1個 25號灰色繡線適量

●作法順序

進行拼接布片、貼布縫（僅限前片）之後，製作前片與後片的表布→參照圖示，進行壓線→製作口袋，接縫固定於後片→製作側身、提把、吊耳、釦絆→於前片與後片接縫提把，依照圖示進行縫製→接縫口金（參照P.29）。

※口袋、側身、貼布縫原寸圖案紙型B面⑭。

繡線（取2股線） 中心 貼布縫 自由進行輪廓繡（取2股線）

前片 8 6

1.5

落針壓線

5

7.5

6.5

6.5 8

6.5

沿著花樣進行壓線

口型環吊耳接縫位置

33

袋底中心

20

A 2 2 12

後片 5 中心 5

1.5 3.5

7

口袋接縫位置

C

10

18

23

14

B 2 2

袋底中心

20

前片

縫合 在針趾邊緣裁剪鋪棉

表布（背面）

胚布（正面）

（正面）

正面相對疊合，縫合袋口側。

翻至正面，進行疏縫，進行刺繡、壓線。

後片

（正面）

同前片作法製作

側身

剪牙口 鋪棉

縫合袋口 正面相對疊合

表布（背面）

胚布（正面）（預留較多縫份）

（正面）

進行疏縫後，再行壓線。

縫合袋口，並於針趾邊緣裁剪鋪棉，翻至正面。

口袋

釦絆 中心 刺繡

1.5

貼布縫

14

自由壓線 落針壓線

18

側身（2片）

中心

3.5

3.5

26.7

袋底中心

18.5

提把（2片）

摺雙 0.2 寬幅的一半 中心

3 2

5cm返口

17.5

鋪棉（在針趾邊緣裁剪鋪棉）

表布（正面）

裡布（背面）

返口 0.5

將表布與裡布正面相對疊合後，縫合周圍，翻至正面，以捲針縫縫合返口。

（正面）

車縫

吊耳

① 表布（正面）

裡布（背面）

鋪棉（在針趾邊緣裁剪）

縫合周圍，翻至正面。

② 製作4片

正面

以捲針縫縫合返口，將周圍進行布邊縫。

③ 1.5

穿入口型環，並將背面進行藏針縫。

④ 提把

縫合 1.5

吊耳

將提把穿入口型環後，縫合。

口袋

將釦絆疏縫固定

0.2cm車縫

胚布（背面）

黏貼上接著襯

表布（正面）

正面相對疊合後，縫合周圍，翻至正面。

5cm返口

以捲針縫縫合返口，疏縫固定之後，進行壓線。

釦絆

鋪棉

表布（正面）0.4

裡布（背面）

（正面）

車縫

裁剪鋪棉的多餘縫份

正面相對疊合後，縫合，翻至正面。

磁釦接縫位置

後片（正面）

6

1

縫合

於後片接縫口袋，接縫磁釦。

吊耳的原寸紙型

縫製方法

提把

前片

0.7cm車縫 藏針縫

將已接縫提把的吊耳縫合固定於前片與後片上。

前片（背面）

袋底中心

後片（背面）

縫合

進行包捲縫份縫

將前片與後片的袋底中心正面相對縫合。

後片（背面）

前・後片

側身（背面）

將前・後片與側身正面相對縫合，並以側身的縫份包捲後 進行藏針縫。

使用以貓咪為花樣的口金製作的
獨特設計波奇包

搖著貓尾巴設計的作品No.36與No.37，以拼接手法表現貓咪的毛色，灰毛虎斑貓是以細長的布片製作虎斑紋，三毛貓則是以六角形併接製作而成。作品No.38則以招財貓為花樣的存摺收納套。
以四角拼接為基底進行配色，並以刺繡描繪輪廓。

設計‧製作／北島真紀　No.36‧37　11×15cm　作法P.99
No.38　17.5×16cm　作法P.33

口金提供／INAZUMA（植村株式會社）

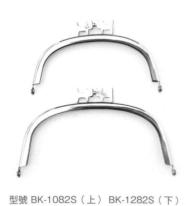
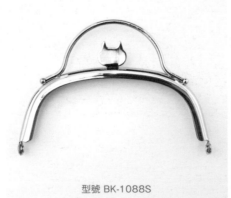

型號 BK-1082S（上）BK-1282S（下）　　型號 BK-1088S

旋轉鈕頭部分為貓咪款式（左圖），以及將貓咪造型鈕一壓即開的押口式口金（右圖）。

作品No.38的後側為貓咪的背後身影。立體的尾巴造型超可愛！

存摺收納套

●材料

各式拼接用布片（包含項圈用布部分） 裡袋用布40×20cm
鋪棉、胚布各45×25cm 寬12cm口金1個 寬1.3cm鈴鐺1個
25號深灰色繡線、手藝填充棉花各適量

●作法順序

進行拼接後（搭配貓咪輪廓進行配色），製作前片與後片的
表布→疊放上鋪棉與胚布之後，進行刺繡→製作項圈與尾巴
→以下，依照圖示進行縫製，安裝口金（參照頁面下方）。
※原寸紙型B面④。

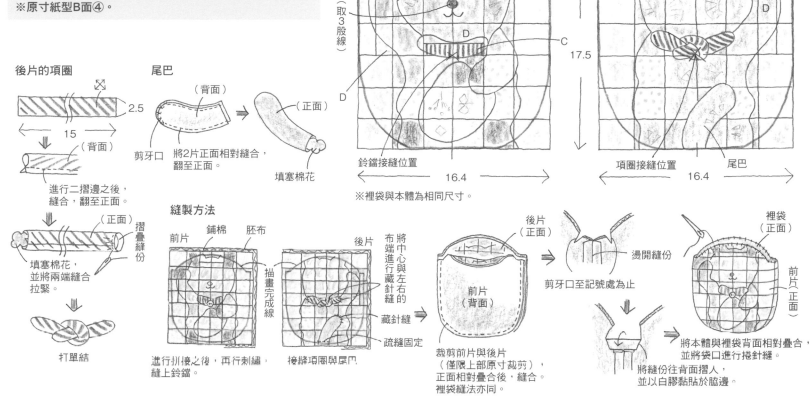

前片　中心　D　完成線　中心　後片

刺繡（取3股線）

鈴鐺接縫位置　項圈接縫位置　尾巴

17.5

16.4　16.4

※裡袋與本體為相同尺寸。

後片的項圈

2.5

15　（背面）

進行二摺邊之後，縫合，翻至正面。

（正面）摺疊縫份

填塞棉花，並將兩端縫合拉緊。

打單結

尾巴

（背面）

剪牙口　將2片正面相對縫合，翻至正面。

（正面）填塞棉花

縫製方法

前片　鋪棉　胚布　後片

布將中心進行與左右的藏針縫

描畫完成線

藏針縫

疏縫固定

進行拼接之後，再行刺繡，縫上鈴鐺。

接縫項圈與尾巴。

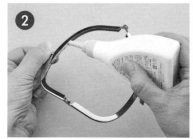

後片（正面）

前片（背面）

裁剪前片與後片（僅限上部原寸裁剪），正面相對疊合後，縫合。裡袋縫法亦同。

燙開縫份

剪牙口至記號處為止

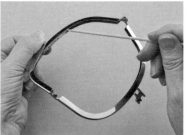

裡袋（正面）

前片（正面）

將縫份往背面摺入，並以白膠黏貼於脇邊。

將本體與裡袋背面相對疊合，並將袋口進行捲針縫。

插入式口金的安裝方法

❶ 中心

於本體的上部畫上中心的記號。

❷ 於口金的溝槽內塗上手藝用白膠，並以牙籤等物塗抹。

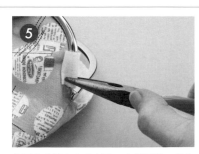

❸ 將本體置於口金的溝槽內，並將口金與本體的中心對齊，使用一字型螺絲起子將其壓進溝槽內。

❹ 準備一條大約口金長度的紙繩，並將紙繩塞入本體與口金之間的縫隙，再以一字型螺絲起子壓進去。可視本體的厚度，在口金與本體之間無縫隙的情況下，則不需要塞入紙繩。

當紙繩過粗的情況下，則可暫時打開紙繩的撚合處，並撕開，再次撚合之後，搓成較細的紙繩。

❺ 使用尖嘴鉗牢牢地夾緊口金的脇邊，操作時請勿使本體移位脫落。為了避免損及口金，請以襯布包夾著進行。

口金專用加工鉗（Takagi 纖維株式會社）的前端為樹脂製，因此不需要襯布也不會傷及口金。

使用1種口金製作 **3種樣式不同的波奇包**

雖然3件都是內附側身的款式，但卻是分別將組成部件的形狀及數量改變後製作而成。作品No.39是以尖褶側身、No.40是以周圍側身、No.41則是以5片部件製作。口金的圓珠顏色搭配本體的顏色，再行挑選。

設計‧製作／山口のぶ子
No.39 12.5×19.5cm　No.40 12.5×17cm　No.41 9×18cm
作法P.101

口金提供／INAZUMA（植村株式會社）

側身與袋身為相同形狀的作品No.41，一打開即成為扁平狀的四方造型。接縫口金的針趾處則使用了飾帶隱藏。

型號 BK-180S

使用內附旋轉鈕頭處可安裝喜愛色彩的大圓珠手縫型口金。作品使用與圓珠相同色系的縫線縫合固定。

尖褶側身型

縫合1片袋身的脇邊，側身抓褶後，進行縫製。

口金的長度

袋底中心

周圍側身型

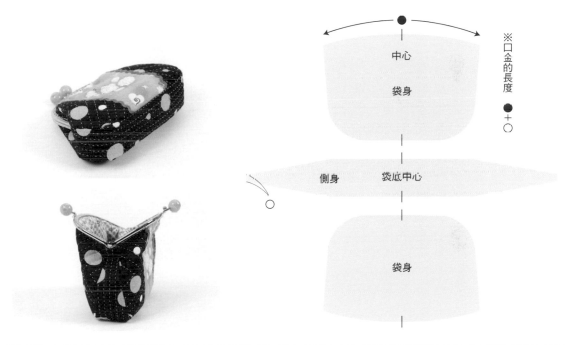

使用2片袋身及1片側身製作。

※口金的長度

●＋○

中心

袋身

側身　袋底中心

○

袋身

扁平四方款

使用相同形狀的側身與袋身各2片，以及正方形的袋底製作。藉由將袋身與側身的寬幅加寬的方式，形成渾圓飽滿的形狀。

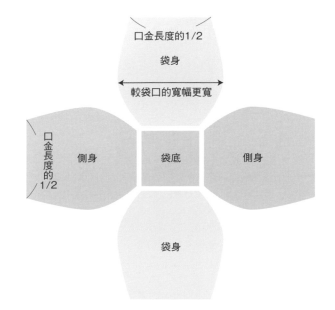

口金長度的1/2

袋身

較袋口的寬幅更寬

口金長度的1/2

側身　袋底　側身

袋身

袋底

使用手挽口金製作的
羊毛布手提袋

在已併接了紅與黑色的羊毛布上裝飾緞帶及飾帶，用來穿通口金的口布及提把皆以黑色羊毛布製作。適合搭配冬季外套的時髦手提袋。

設計‧製作／今村美佐子
21.5×30cm　作法P.37

42

配合打開時的口金大小，
決定本體的尺寸。

口金提供／INAZUMA（植村株式會社）

手提袋

●材料

各式拼接用羊毛布片 Ａ Ａ'用羊毛布2種各20×20cm 裡袋用布50×45cm 口布‧提把用黑色羊毛布55×30cm（包含袋底部分） 單膠鋪棉60×45cm 寬2.5cm緞帶‧飾帶、寬0.8cm緞帶各40cm 直徑1.2cm鈕釦4顆 袋物底板30×10cm 寬22.5cm手挽口金1個 直徑2.5mm珠子適量

●作法順序

進行拼接之後，製作2片袋身的表布，並黏貼上鋪棉→將緞帶及飾帶縫合固定，進行壓線→袋底亦以相同方式進行壓線→製作口布、提把、裡袋→依照圖示進行縫製→安裝口金（參照頁面下方），固定提把。

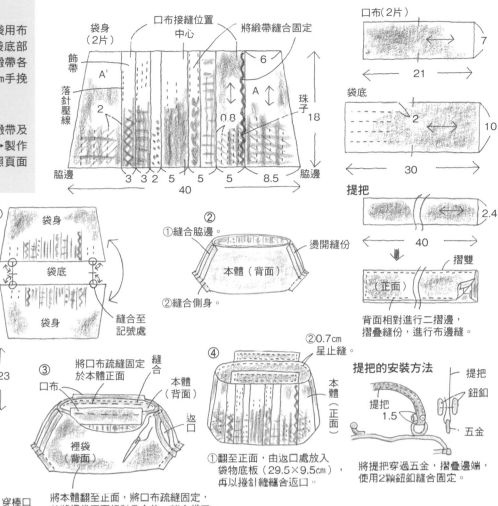

袋身

口布（2片）
7
21

袋底
2
10
30

提把
2.4
40

（正面）
摺雙

背面相對進行二摺邊，摺疊縫份，進行布邊縫。

提把的安裝方法

提把
鈕釦
五金
提把
1.5

將提把穿過五金，摺疊邊端，使用2顆鈕釦縫合固定。

袋身

將緞帶縫合固定

緞帶

一邊於緞帶上接縫珠子，一邊縫合固定於本體上。

（正面） 背膠鋪棉

接縫布片

口布

摺雙 2.5cm縫合

（背面）

正面相對，縫合兩端，翻至正面。

摺雙 0.7cm車縫

（正面）

穿棒口 2.5

裡袋

中心 脇邊 脇邊
35
15cm 返口 23
5
30
5
袋底中心摺雙
40

依照本體的相同作法，縫合脇邊與側身。

穿棒口（1cm）

縫製方法①

袋身

袋底

袋身

縫合至記號處

②
①縫合脇邊 燙開縫份
本體（背面）
②縫合側身。

③
將口布疏縫固定於本體正面
縫合
口布
本體（背面）
返口
裡袋（背面）

將本體翻至正面，將口布疏縫固定，並將裡袋正面相對疊合後，縫合袋口。

④
②0.7cm 星止縫。
本體（正面）
返口

①翻至正面，由返口處放入袋物底板（29.5×9.5cm），再以捲針縫縫合返口。

手挽口金的安裝方法

❶

口布

製作2片穿通口金的口布，並包夾於本體的表布與裡袋之間，進行縫合。

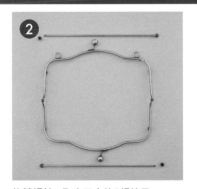

❷

旋轉螺絲，取出口金的2根棒子。

從口金推算手提袋的尺寸

型號 BK-1058

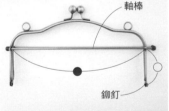

軸棒

鉚釘

口布
中心
本體
+1cm
+1cm

以軸棒的長度以及鉚釘至軸棒間的距離為基準，推算出本體與口布的尺寸（以P.36的手提袋為例）。

❸

將軸棒穿入洞孔中

將軸棒穿入口金的孔洞，並穿入口布的穿通位置部分。從口布中拉出軸棒後，再穿過孔洞，並鎖緊螺絲。另1根軸棒作法亦同。

將軸棒穿入洞孔中

❹

將鉚釘與本體的脇邊對齊，並於鉚釘左右1cm的位置處渡線數次後，縫合固定於本體上。

只要依照左圖所示縫合固定，當關閉口金時，脇邊自然摺疊得整齊美觀。

以印花布為主角的拼布

活用布料花樣進行配色的拼布才能享有的箇中樂趣，
收集自己喜愛的印花布動手試看看吧！

攝影／腰塚良彥（P.41）山本和正
插圖／三林よし子

使用古典印花布製作的
室內地毯與置物籃

於大布片上使用大花樣與中型花樣，呈現美麗
的花樣。以沈穩的紅色及藍色為基調，集中彩
度的高雅色調相當適合居家擺飾。地毯用在寒
冷的季節裡，鋪設於沙發腳下的位置。置物籃
非常方便用來收納起居室裡散亂的小物。

設計・製作／青塚勝江
室內地毯 71×121cm
置物籃 高23cm 直徑28cm
作法P.108

French General（La Vie Boheme）的布料提供／
株式會社moda Japan

玫瑰花樣迷你壁飾

使用白色與黑色2種玫瑰花樣的印花布，作成大人風的配色。透過重點式的添加黑色底布的方式，使玫瑰花顯得更加美麗。將周圍進行鑲邊的寬版緞帶也是玫瑰花樣。

設計・製作／本島育子　36×36cm　作法P.103

45

在「雁行」的表布圖案與大花樣的布片之間添加素布，襯托出眾的配色。

大人風粉彩×灰色的迷你手提袋

將包釦排列成環狀的貼布縫，是從大花樣的點點圖案
中獲取的靈感。
當出門隨身物品不多的時候，恰好可使用的尺寸。

設計・製作／松尾 綠　17.5×25cm

46

ZEN CHIC（CELESTIAL）的布料
提供／株式會社moda Japan

迷你手提袋

●材料
各式拼接用布片（包含綁繩、包釦部分）　D用布45×30cm（包含提
把部分）　側身用布20×20cm　單膠鋪棉50×45cm　裡袋用布45×40
cm　直徑1.5cm包釦用芯釦28顆　25號繡線適量

●作法順序
分別將布片A、B、C進行拼接，並與布片D至F接縫後，製作袋身的
表布→黏貼上鋪棉，進行刺繡與壓線→接縫上包釦→於側身上黏貼鋪
棉→製作綁繩與提把→依照圖示進行縫製。

原寸紙型與刺繡圖案

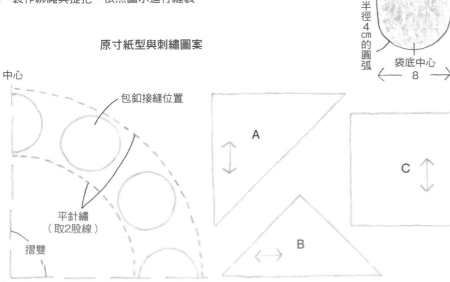

中心
包釦接縫位置
平針繡
（取2股線）
摺雙

側身（2片）

17.7

半徑4cm的圓弧
袋底中心
8

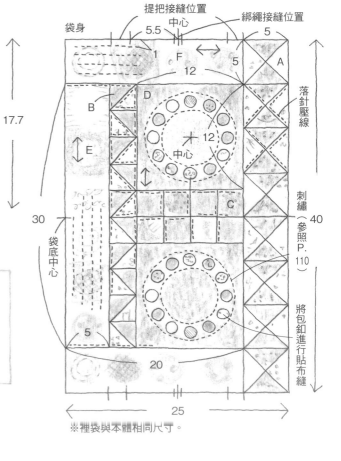

袋身

提把接縫位置
中心
綁繩接縫位置
5.5
5
1
F
5
A
12
B
D
12
中心
E
C
落針壓線
刺繡（40　參照P.110）
30
袋底中心
5
20
25
將包釦進行貼布縫

※裡袋與本體相同尺寸。

40

描繪窗外景色的
花園壁飾

運用集聚各式各樣花卉的印花布，表現從室內眺望
庭院花壇的景色。窗框處則使用了像是油漆斑駁似
的有趣布料，營造老舊西式建築的印象。

設計・製作／円座佳代
60×53cm　作法P.105

47

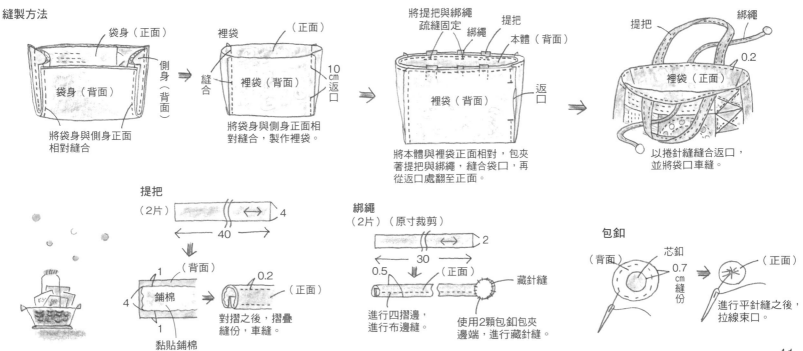

縫製方法

袋身（正面）

裡袋　（正面）

袋身（背面）

側身（背面）

將袋身與側身正面
相對縫合

縫合

裡袋（背面）

10cm返口

將袋身與側身正面相
對縫合，製作裡袋。

將提把與綁繩
疏縫固定　綁繩　提把

本體（背面）

裡袋（背面）

返口

將本體與裡袋正面相對，包夾
著提把與綁繩，縫合袋口，再
從返口處翻至正面。

提把　　　　　綁繩

裡袋（正面）

0.2

以捲針縫縫合返口，
並將袋口車縫。

提把

（2片）　　　　　　　　4

←　　40　　→

（背面）

1

4　　鋪棉

1

黏貼鋪棉

0.2

（正面）

對摺之後，摺疊
縫份，車縫。

綁繩

（2片）（原寸裁剪）

2

←　30　→

0.5　　　　　　（正面）　　藏針縫

進行四摺邊，
進行布邊縫。

使用2顆包鈕包夾
邊端，進行藏針縫。

包鈕

（背面）　　　芯鈕

0.7cm縫份

（正面）

進行平針縫之後，
拉線束口。

以小狗圖案印花布製作的迷你手提袋 ★

於「動感之星」圖案的中心布片，配置上小狗圖案印花布。不妨從各式各樣小狗種類的印花布，挑選自己喜愛的圖案，作為散步專用的手提袋。

設計・製作／橋本直子　21×30cm

小狗圖案印花布的布料提供／sarara JAPAN moelan studio（株）

48

迷你手提袋

●材料

各式拼接用布片　A、D用小狗圖案印花布65×25cm　裡袋用布60×35cm（包含襠布部分）　滾邊用寬4cm斜布條65cm　鋪棉、胚布各65×30cm　寬0.9cm波浪形織帶65cm　長40cm提把1組

●作法順序

拼接布片A至C，製作4片表布圖案，並與布片D接縫後，製作表布→疊放上鋪棉與胚布之後，進行壓線（左右兩端各預留2至3cm）→接縫織帶→製作裡袋→依照圖示進行縫製，接縫提把。

※布片A至C原寸紙型B面①。

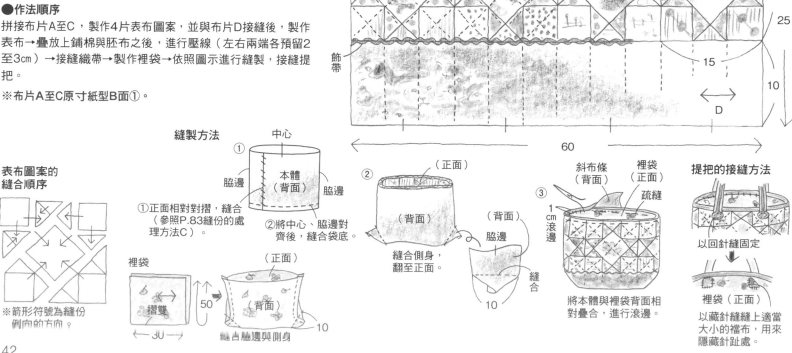

表布圖案的
縫合順序

※箭形符號為縫份側向的方向。

縫製方法

①正面相對對摺，縫合
（參照P.83縫份的處理方法C）。

②將中心、脇邊對齊後，縫合袋底。

裡袋

縫合脇邊與側身

縫合側身，翻至正面。

將本體與裡袋背面相對疊合，進行滾邊。

提把的接縫方法

以回針縫固定

以藏針縫縫上適當大小的襠布，用來隱藏針趾處。

以貓咪圖案印花布製作的大小抱枕 ★

將貓咪圖案裁剪成正方形後，再與「風車」的表布圖案併接。

大抱枕讓飼主使用，小抱枕則為貓咪專用。

設計・製作／橋本直子　大 36×36cm　小 28×28cm

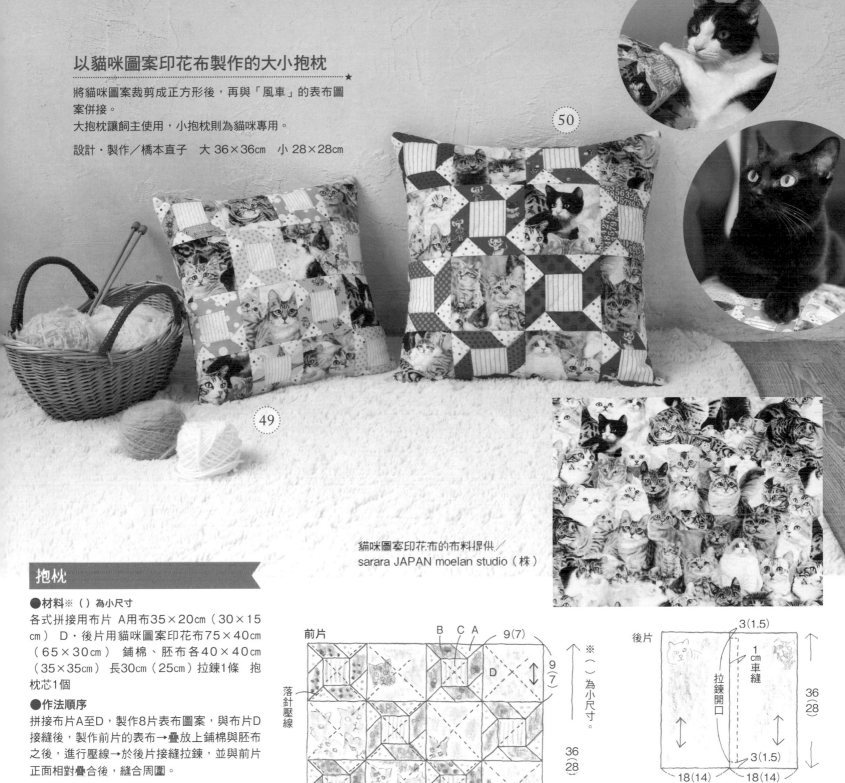

貓咪圖案印花布的布料提供／
sarara JAPAN moelan studio（株）

抱枕

●材料※（）為小尺寸

各式拼接用布片　A用布35×20cm（30×15cm）　D・後片用貓咪圖案印花布75×40cm（65×30cm）　鋪棉、胚布各40×40cm（35×35cm）　長30cm（25cm）拉鍊1條　抱枕芯1個

●作法順序

拼接布片A至D，製作8片表布圖案，與布片D接縫後，製作前片的表布→疊放上鋪棉與胚布之後，進行壓線→於後片接縫拉鍊，並與前片正面相對疊合後，縫合周圍。

※布片A至C原寸紙型B面②。

拉鍊的接縫方法

前片

落針壓線

B C A　9（7）

9（7）

D

※（）為小尺寸。

36（28）

36（28）

後片

3（1.5）

1cm車縫

拉鍊開口

36（28）

3（1.5）

18（14）　18（14）

於後片預留縫份後，再行裁剪。

拉鍊開口

2.5　1.5

1

縫合　疏縫　縫合

⊗（正面）

⊖（背面）

1.5

2.5

⊖（背面）

0.3

⊗（正面）

⊖（背面）

將⊗的縫份多出0.3cm，以熨斗整燙。

⊗（正面）

以回針縫將拉鍊固定於⊗上。

拉鍊（正面）

⊖（背面）

將⊖翻至正面。

②縫合。

①畫上記號。

從正面縫合拉鍊開口

縫製方法

前片（正面）

後片（背面）

邊端進行Z字型車縫

將前片與後片正面相對疊合後，縫合周圍，翻至正面。

43

以拼布＋PVC透明塑膠布製作的
手提袋 & 波奇包

透明的PVC塑膠布即使疊放在布片上，也能透視到拼布的設計，因此是一種兼具實用＋流行的便利素材。無論是作為口袋，或是製成保護的外罩，在此介紹各式各樣的使用方法。

攝影／山本和正　插圖／木村倫子

PVC透明塑膠布製口袋可將手機收納其中並直接操作。由於上方開有小洞，因此可避免PVC透明塑膠布吸附於手機的畫面上。

在完全服貼於身體的扁平款小肩包的正面，接縫了附拉鍊的PVC透明塑膠布製口袋。VISLON®拉鍊（樹脂拉鍊）則挑選了與本體同款的黑色×紫色。

設計・製作／川端幸江　22×22cm
作法P.100

與小肩包同款設計的成組手機收納袋。與小肩包一樣，可直接將收納其中的手機作操作。為了能方便掛於手提袋的提把上，因此另附可拆取的提把。

設計・製作／川端幸江　17×10cm
作法P.100

將PVC透明塑膠布疊放於本體的整個下半部之後，縫製成袋狀的手提袋。袋身側可作為口袋使用，且PVC透明塑膠布完全包覆至袋底部分，因此可用來保護容易弄髒的袋底及袋角。

設計・製作／尾崎洋子
23×34cm　作法P.102

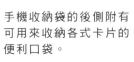

將袋身的PVC透明塑膠布部分的中心進行車縫，縫製成口袋的夾層。

手機收納袋的後側附有可用來收納各式卡片的便利口袋。

於羊毛布、法蘭絨、不織布疊放後車縫而成的本體上,再疊放上PVC透明塑膠布的附袋蓋扁平波奇包。作成不疊放鋪棉縫製而成的柔軟觸感。前片接縫2個口袋,後片則接縫了1個口袋。

設計·製作／若山雅子　23×20cm

54

作法

◆材料
前片用羊毛、法蘭絨、不織布各式裡布40×25cm　後片口袋用法蘭絨25×20cm　後片用不織布30×20cm　袋蓋襠布用法蘭絨25×10cm　PVC透明塑膠布20×20cm　直徑1cm金屬四合釦1組

◆作法重點
· 前片的布片於上方疊放布片的布邊預留1cm的縫份。
· 布樣細齒刀刃的輪刀亦可使用布樣細齒剪刀取代。

※袋蓋襠布原寸紙型B面③。

1. 製作前片、後片、後片口袋

於布端算起0.5cm的位置進行車縫,並使用布樣細齒刀刃的輪刀進行裁切。

裡布(背面)(原寸裁剪)
前片
疊放上裡布,進行車縫。
進行車縫。

9　1
⑤
⑤
④
5　5　⑥　6.5
11
①　②　③　8
0.5～0.7
重疊1cm
20
※⑤⑥為原寸裁剪。
22

後片
中心
與袋蓋襠布相同的弧線
前片接縫位置
PVC透明塑膠布製口袋接縫位置
後片口袋接縫位置
(原寸裁剪)
29
20

後片口袋
布端依照前片的相同方式進行收邊處理
裡布(背面)(原寸裁剪)
(原寸裁剪)
1
16
20

2. 製作PVC透明塑膠布製口袋

中心　車縫
摺入1.2cm
安裝金屬四合釦(凹面)
19.7
(原寸裁剪)
20

3. 進行縫製

PVC透明塑膠布製口袋
前片(正面)
袋蓋襠布(正面)
0.5
中心
安裝金屬四合釦(凸面)
後片(背面)
後口袋(背面)

將前片、後片、口袋疊放之後縫合。布端依照前片的相同方式進行收邊處理。

袋蓋襠布
摺入縫份
(背面)
↓
製作袋蓋襠布,以藏針縫縫合固定於後片上。

中心
稍微露出襠布
後片(正面)
藏針縫

46

自己選布、自己縫製，
就算是經典版型也不怕撞包。

■ 俐落的剪裁，簡單配布不NG。
■ 基本款，但絕對實用、不退流行，布作人必學必收。
■ 定番托特包＋後背包，男用女用都OK。
■ 附贈3大張：全作品含縫份原寸紙型。
■ 布作新手也能愉快完成！

簡約休閒風手作包
BOUTIQUE-SHA◎授權
平裝／80頁／21×26cm
彩色＋單色／定價380元

以色彩繽紛的布料製成網狀編織拼布的袋身，相當引人注目的一款四方形波奇包。以捲針縫合用滾邊包覆周圍的袋身與一圈側身之後，縫製而成。

設計・製作／宮內真利子　12×18cm

作法P.49

55

56

袋身的單側與內側皆縫有PVC透明塑膠布製口袋。最適合當成波奇化妝包使用。

◆材料（1件的用量）

各式網狀編織拼布用布 側身表布 75×20㎝（包含布條部分） 裡布 40×30㎝ 單膠鋪棉50×25㎝ PVC 透明塑膠布30×20㎝ 雙膠棉襯、台布 各40×15㎝ 長34㎝拉鍊1條 提把用 飾帶50㎝

◆作法重點

・上側身及下側身的長度，可搭配已 進行滾邊的本體加以調整。
・拉鍊的拉鍊頭可繫上喜歡的裝飾 品。

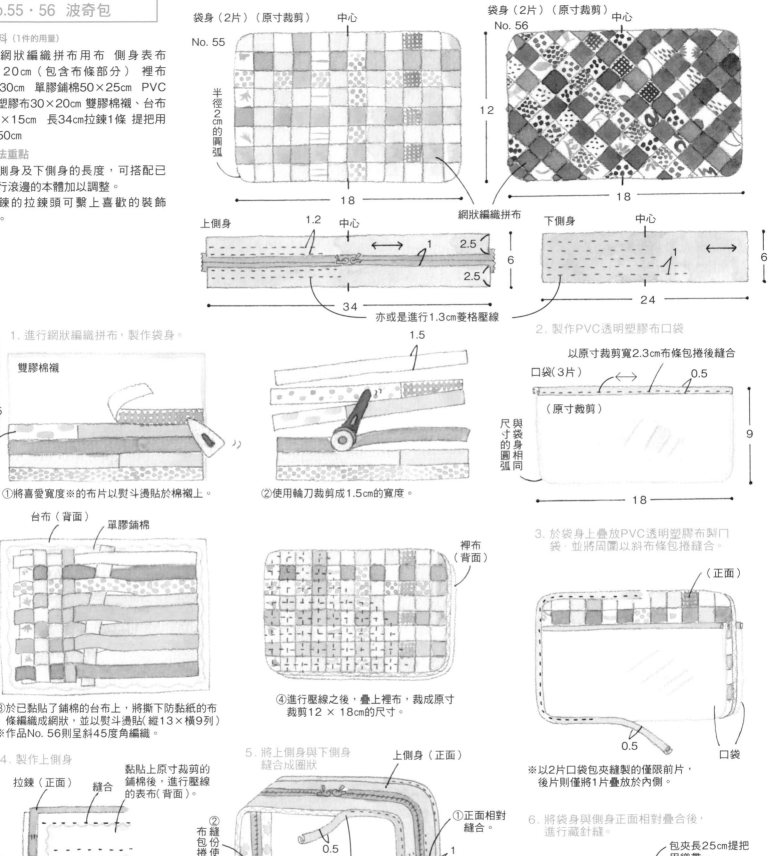

袋身（2片）（原寸裁剪）　中心
No. 55
半徑2㎝的圓弧
18

袋身（2片）（原寸裁剪）
No. 56
中心
12
18
網狀編織拼布

上側身　1.2　中心　1　2.5　6　2.5　34
亦或是進行1.3㎝菱格壓線

下側身　中心　1　6　24

1. 進行網狀編織拼布，製作袋身。

※寬度設定為寬1.5㎝或3㎝的1.5的倍數。

雙膠棉襯

（正面）

①將喜愛寬度※的布片以熨斗燙貼於棉襯上。

1.5

②使用輪刀裁剪成1.5㎝的寬度。

台布（背面）　單膠鋪棉

③於已黏貼了鋪棉的台布上，將撕下防黏紙的布條編織成網狀，並以熨斗燙貼（縱13×橫9列）
※作品No. 56則呈斜45度角編織。

裡布（背面）

④進行壓線之後，疊上裡布，裁成原寸裁剪12 × 18㎝的尺寸。

2. 製作PVC透明塑膠布口袋

以原寸裁剪寬2.3㎝布條包捲後縫合
口袋（3片）　0.5
（原寸裁剪）
與袋身尺寸的圓弧相同
9
18

3. 於袋身上疊放PVC透明塑膠布製口袋，並將周圍以斜布條包捲縫合。

（正面）
0.5
口袋

※以2片口袋包夾縫製的僅限前片，後片則僅將1片疊放於內側。

4. 製作上側身

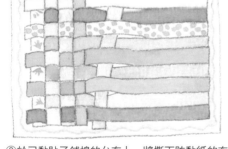

拉鍊（正面）　縫合
裡布（正面）

黏貼上原寸裁剪的鋪棉後，進行壓線的表布（背面）。

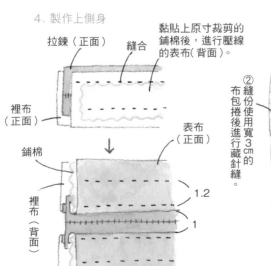

表布（正面）
鋪棉
裡布（背面）
1.2
1

另一側縫法亦同

5. 將上側身與下側身縫合成圈狀

上側身（正面）
②縫份使用寬3㎝的布包捲後進行藏針縫。
下側身（背面）
①正面相對縫合。
0.5
③車縫
1
④使用四摺邊的斜布條包捲後進行藏針縫。

疊放上裡布
疊放上表布、鋪棉、胚布之後，進行壓線的下側身。

6. 將袋身與側身正面相對疊合後，進行藏針縫。

包夾長25㎝提把用織帶。
1.5　4.5　中心　4.5
邊端處倒向袋身側，並置放上適當大小的檔布後，進行藏針縫。

釦絆固定款的多用途收納包。時髦流行的
零碼布運用,使用上讓心情更加愉悅。將
超迷你尺寸的PVC透明塑膠布波奇包以圓
珠鍊掛上,立即成為視覺焦點。

設計·製作／指吸快子
20×14cm　作法P.104

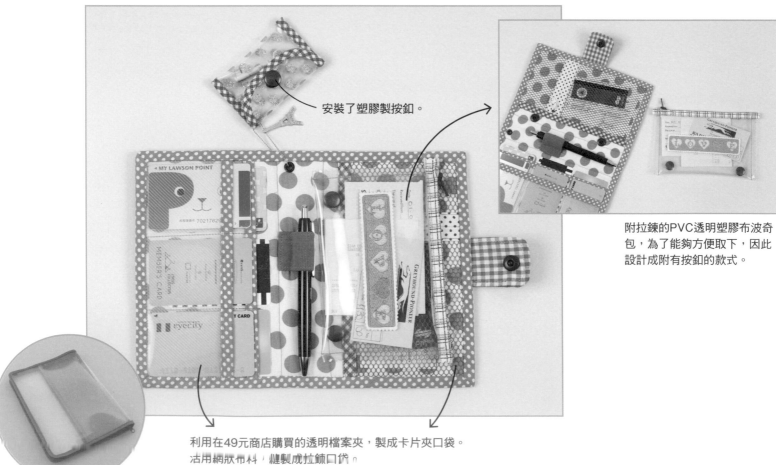

安裝了塑膠製按釦。

附拉鍊的PVC透明塑膠布波奇
包,為了能夠方便取下,因此
設計成附有按釦的款式。

利用在49元商店購買的透明檔案夾,製成卡片夾口袋。
活用網狀布料,縫製成拉鍊口袋。

PVC透明塑膠布的處理技法 建議

PVC透明塑膠布雖然也能在手藝用品店購入，但亦可使用透明的桌布代替。厚度上也種類繁多，本次所介紹的作品則使用0.2至0.3cm的厚度。縫合時，使用厚布用針，以縫紉機車縫。只要一經縫合，塑膠布上就會殘留針孔，很難再重新縫過，因此請小心留意。柔軟的到硬挺的塑膠布，請依照喜好分別使用。亦可於49元商店或大型居家修繕中心購得。

記號作法

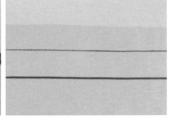

使用原子筆或油性馬克筆描繪記號。因為無法再重新描繪，所以請特別留意。最好使用紙型，正確地作上記號。

PVC透明塑膠布使用工作專用剪進行裁剪。請小心仔細地裁剪。

專為漂亮車縫的壓布腳

鐵弗龍壓布腳

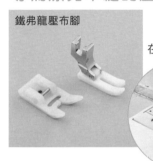

在車縫PVC透明塑膠布時，若以一般的壓布腳，在壓線時會附著於布面上而難以車縫，因此使用鐵弗龍壓布腳。

均勻送布壓布腳

在一邊送布一邊持續車縫的車縫壓線上，相當便利好用的均勻送布壓布腳，也建議用來車縫PVC透明塑膠布。

只要將可樂牌Clover株式會社的矽利康潤滑劑塗抹於一般壓布腳的五金背面，縫紉時就會變得滑順，而有助於縫合更加順暢。

使用描圖紙車縫

1 將PVC透明塑膠布疊放於本體上，並於其上再疊放與塑膠布同尺寸的薄型描圖紙後，以強力夾固定在幾處。

2 以一般的壓布腳車縫周圍。因為是隔著紙張車縫，所以滑順度極佳。

3 待車縫結束，再將描圖紙沿著針趾處小心地撕下。

滾邊的方法

◆ 使用強力夾

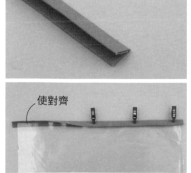

使對齊

1 將滾邊條進行四摺邊，並以熨斗確實燙出摺痕。將塑膠布端與滾邊條的中心確實對齊後。以強力夾固定在幾處。

2 以縫紉機車縫。如果僅車縫接近布端，背面側很容易從滾邊條中偏離，因此請車縫至稍微內側。

◆ 以布用雙面膠暫時固定

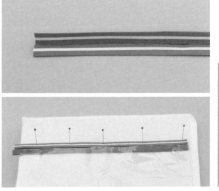

1 於已四摺邊的滾邊條上下黏貼上極細的雙面膠。避開車縫之處，黏貼在稍微內側的地方。在黏貼PVC透明塑膠布時，可置放於燙衣板上，並以珠針固定，僅單邊撕下防黏紙，確實地對齊邊端，仔細地黏貼。

2 撕下另一邊的防黏紙，包捲塑膠布黏貼。請注意避免塑膠布歪斜。就算沒有使用強力夾固定，亦可直接縫合。

攝影／山本和正　插圖／木村倫子

運用拼布
搭配家飾

由大畑美佳老師提案，為您帶來以能讓人感受到當季氛圍的拼布為主的美麗家飾。

以芥末黃的色彩
增添暖意的冬季餐廳

寒冷的季節以溫熱的餐點及壁飾增添暖度。
在讓人聯想到玉米湯或南瓜湯的黃色與芥末黃上，
再搭配灰色的拼布，
創造出放鬆平靜的空間。
不妨使用能使料理看起來更加美味的
亮灰色製作的餐墊，
以及明亮色彩的餐具墊，
彩繪家中的餐桌吧！

58

61

59

60

鬱金香的布作花束也是以黃色系製作，
進而色彩搭配。不妨增添一抹綠，
加以裝飾吧！

餐墊及杯墊則是添加了一列以芥末黃進行重點配色的
「雁行」圖案的簡單設計。
若想凸顯出色的料理或食器，
建議使用不過度搶眼的花色。

僅於市售的收納盒中
鋪放上手作的裝飾墊，
搖身一變成了漂亮的
餐具收納盒。
不使用時，可直接用來
覆蓋，成為罩布。

六角形的拼布配置成梯形的區塊單位，
短時間內即可縫製出表布。

設計・製作／大畑美佳　　壁飾製作／渡辺敦子
壁飾 154.5×131cm　　餐墊 31.5×46.5cm　　杯墊 11.5×11.5cm
餐具墊 35×35cm　　作法P.54、P.55

53

壁飾

材料
各式拼接用布片 D、E用布90×155cm（包含滾邊部分） 鋪棉、胚布各
100×240cm

作法順序
參照圖示，將區塊進行拼接→於布片D上將區塊進行貼布縫→於左右接縫
布片E，製作表布→疊放上鋪棉與胚布之後，進行壓線→將周圍進行滾邊
（參照P.82）。

※原寸壓線圖案紙型A面⑥。

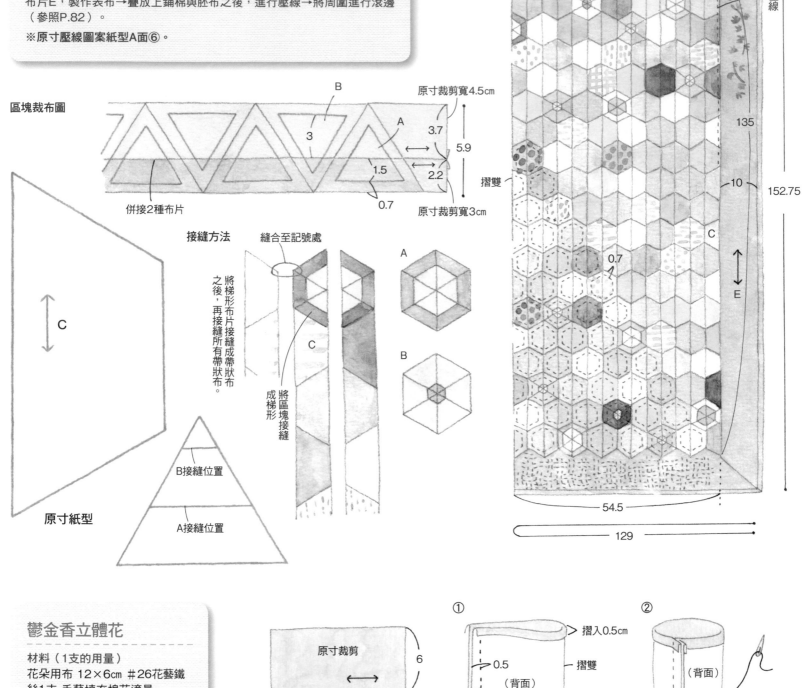

區塊裁布圖

B
A
原寸裁剪寬4.5cm
3
3.7
5.9
1.5
2.2
0.7
併接2種布片
原寸裁剪寬3cm

C
原寸紙型

接縫方法
縫合至記號處
將梯形布片接縫成帶狀之後，再接縫所有帶狀布。
將區塊接縫成梯形
成梯形
C
A
B
B接縫位置
A接縫位置

中心 貼布縫 1cm滾邊
D
10
落針壓線
135
摺雙
10
152.75
0.7
C
E
54.5
129

鬱金香立體花

材料（1支的用量）
花朵用布 12×6cm #26花藝鐵
絲1支 手藝填充棉花適量

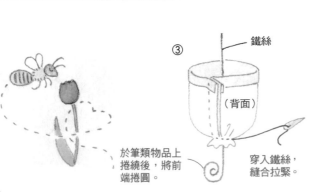

原寸裁剪
6
12

① 摺入0.5cm
0.5
摺雙
（背面）
縫合

② （背面）
縫合1圈
0.5

於筆類物品上捲繞後，將前端捲圓。

③ 鐵絲
（背面）
穿入鐵絲，縫合拉緊。

④ （正面）
手藝填充棉花
翻至正面，填塞手藝填充棉花。

⑤ （正面）
將中心縫合固定

⑥ 再次將中心縫合固定

餐墊&杯墊

材料（1件的用量）
餐墊 各式拼接用布片 C用布
35×20cm D用布35×25cm B用
布25×20cm 滾邊用寬3.5cm斜布
條165cm 鋪棉、胚布各50×35cm
杯墊 各式拼接用布片 c、d用布各
15×5cm 滾邊用寬3.5cm斜布條55
cm 鋪棉、胚布各15×15cm

作法順序
相同 拼接布片A、B（a、b），並
與布片C、D（c、d）接縫之後，製
作表布→疊放上鋪棉與胚布之後，
進行壓線→將周圍進行滾邊（參照
P.82）。

餐墊

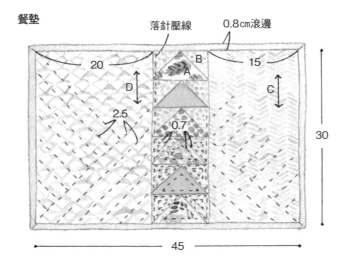

落針壓線
0.8cm滾邊

杯墊

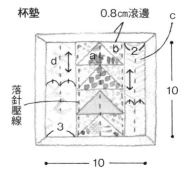

0.8cm滾邊

落針壓線

※滾邊使用原寸
裁剪寬3.5cm的
斜布條包捲（2
件相同）。

原寸紙型

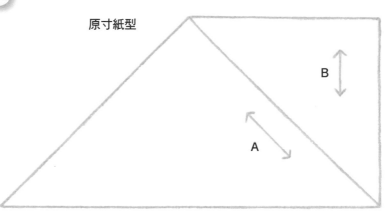

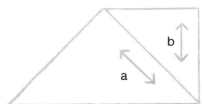

餐具墊

材料
各式拼接用布片 接著襯、裡布各
40×40cm

作法順序
將布片A拼接成10×10列之後，製
作表布，依照圖示進行縫製。

原寸紙型

A

1. 製作表布，於背面黏貼上接著襯

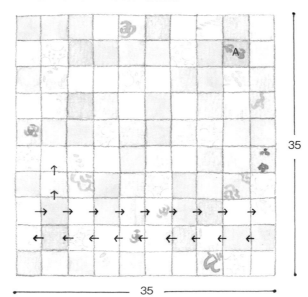

接縫所有已拼接10片布片的帶狀布。
※縫份單一倒向箭頭方向。

2. 將表布與裡布正面相對疊合後，縫合

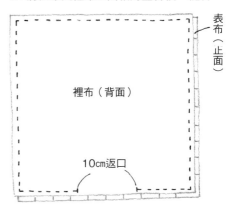

表布（正面）

裡布（背面）

10cm返口

3. 翻至正面，車縫周圍

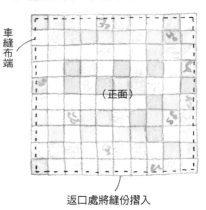

車縫布端

（正面）

返口處將縫份摺入

想要製作、傳承的
傳統拼布

在此介紹長年以來一直持續鑽研拼布的有岡由利子老師,所製作的傳統圖案
美式風格拼布。正因為我們身處於這個世代,更讓人想要返璞歸真,製作出
懷舊且樸素的拼布。

62

63

攝影／腰塚良彥

榮耀火焰(榮光的)· 九宮格

九宮格的圖案數量繁多,此處是以圓弧形布片圍繞縫製的可愛圖案。一經併接,即可呈現出扇形飾邊花樣
※,還能祈願希望寶寶幸福長大。在樸素的九宮格圖案多下功夫製作的美麗圖案,建議亦可當作禮物送人。
上圖的嬰兒拼布被毯是以明亮的1930年代復刻色彩進行配色,並以貼布縫包圍縫製。即便外出也方便使用
的小巧尺寸。也請一併製作成組的圍兜。

設計·製作／有岡由利子　嬰兒拼布被毯 70×58cm　圍兜 20×20.5cm　作法P.59

※扇形飾邊作為一輩子都過得平順圓滿的祈願圖案,而常被使用在裝飾上。

拼布的設計解說

扮演著使九宮格圖案更為醒目，作為凸顯底色的圓弧形布片的角色。九宮格的布片只要運用色彩及花樣適度地作出層次，即可凸顯出圖案的設計。

飾邊的設計應配合表布圖案

飾邊的貼布縫是將比照扇形飾邊製作的圓弧形圖案，有如鎖鍊般的拼接縫合。角落處則接縫裁切一半的圖案，縫製成心形模樣。

將相鄰的2片圓弧形布片拼接成1片的方法

亦可將2片圓弧形的布片縫製成1片檸檬形。製作如下圖般的區塊，接縫所有圓弧形布片後，再加以組合。

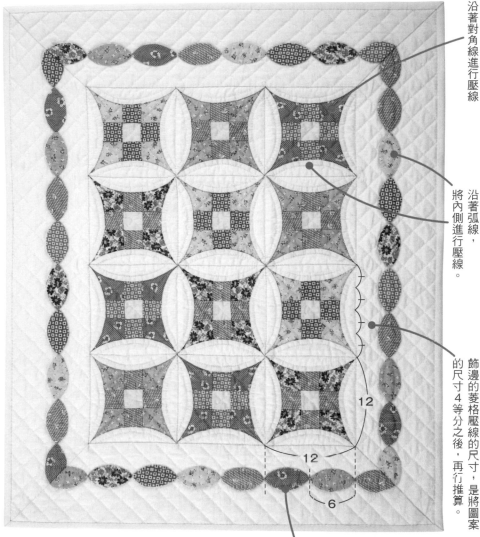

沿著對角線進行壓線

沿著弧線，將內側進行壓線。

飾邊的菱格壓線的尺寸，是將圖案的尺寸4等分之後，再行推算。

12

12

6

飾邊的貼布縫及菱格壓線的尺寸，以12cm平方的圖案為基準推算，整齊劃一。

飾邊的貼布縫一個花樣的長度，是將圖案的大小分成2等分的尺寸。

美國的嬰兒拼布被毯

幼兒用的圍欄式搖籃稱為嬰兒床，即所謂的單人、雙人、特大雙人或加大雙人的床架尺寸的名稱之一。可使用至3、4歲，一般自5歲開始即可使用大人用的床架。據說嬰兒床拼布是專為這種幼兒用床架設計，有如被單一樣的罩布，因為有圍欄而無法製作得太大。不僅可作為床罩使用，從床上抱起嬰兒時，亦可直接將嬰兒包起來使用。嬰兒拼布被毯的尺寸則再小一些，像是將嬰兒包起來時，沿著身體曲線稍微進行壓線即可。一旦壓線過多，將會導致拼布產生緊縮，變得難以包覆嬰兒。

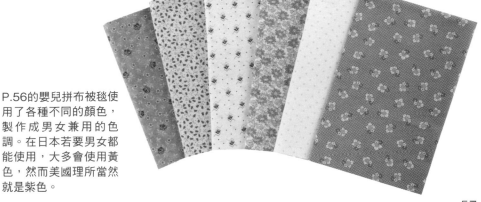

P.56的嬰兒拼布被毯使用了各種不同的顏色，製作成男女兼用的色調。在日本若要男女都能使用，大多會使用黃色，然而美國理所當然就是紫色。

將已分別接縫布片A與B、B與C的帶狀布併接後，製作圓弧形的九宮格區塊，並於周圍接縫布片D。在接縫布片D的時候，因為是弧線縫合，所以請對齊合印記號，以珠針密集地固定，並以細針目縫合。一律從記號處縫合至記號處，在接縫布片D時，為了不要有間隙地緊密於四個角落，再比記號多縫一針。

● 縫份倒向的方式

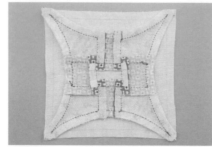

● 製圖的作法

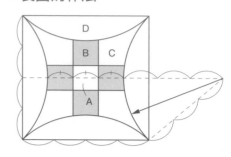

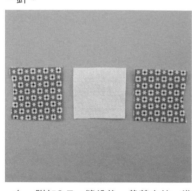

1 附加0.7cm縫份後，裁剪布片，準備1片A與2片B。於布片A的兩側接縫布片B。請注意不要弄錯布片B的方向。

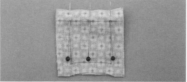

2 將布片A與B正面相對疊合，對齊記號後，以珠針固定兩端及中心。從記號處至記號處進行平針縫。始縫點與止縫點進行一針回針縫。

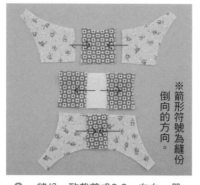

※箭形符號為縫份倒向的方向。

3 縫份一致裁剪成0.6cm左右，單一倒向布片B側。布片B與C亦以相同作法縫合2組，縫份倒向布片B側。接縫3片的帶狀布。

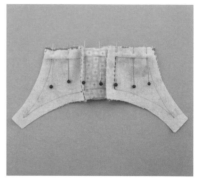

4 將所有帶狀布正面相對疊合，以珠針固定接縫處、兩端、其間。避開縫份固定。

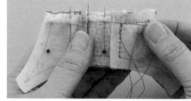
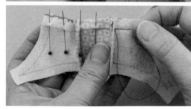

5 從記號處開始縫合，避開縫份繼續縫合，於接縫處進行一針回針縫。於接縫處入針，再於一旁的布片出針，繼續縫合。

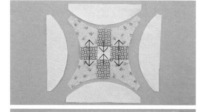
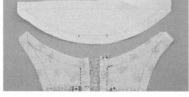

6 於中央區塊的凹入部分接縫4片布片D（依照上下左右的順序接縫）。於布片D的弧線縫份處添加對齊接縫處的合印記號。

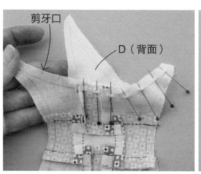

剪牙口

D（背面）

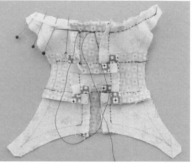

7 於中央區塊的縫份處剪牙口，使其容易與布片D對齊。正面相對疊合，對齊兩端、接縫處、其間之後，以珠針固定。從記號處開始縫合，依照步驟5的相同作法，避開縫份縫合至記號處。

←透過於縫份處剪牙口的方式，若是難以固定珠針，亦可逆向固定。

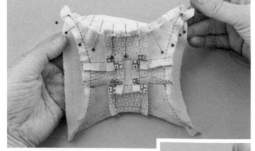

8 縫份倒向布片D側。左右兩側的布片D是從記號處的一針外開始縫合（右下），止縫處亦從記號處縫合至一針外。避免產生空隙。

∘ 接縫所有區塊 ···

為了呈現出美麗的銳角形狀，接縫時避免邊角偏移錯位為重點所在。

將2片正面相對疊合，對齊記號，以珠針固定。固定所有的邊角時，也請一併檢視正面。由記號處縫合至記號處。

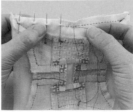

嬰兒拼布被毯＆圍兜

●材料
嬰兒拼布被毯 各式拼接用布片・貼布縫布片 白色素布110×110cm（包含滾邊部分） 鋪棉、胚布各80×65cm

圍兜 各式拼接用布片 d至g'用布40×30cm（包含掛繩部分） 滾邊用寬3cm斜布條145cm 薄型鋪棉、胚布（紗布）各35×25cm 直徑0.9cm按釦2組

●作法順序
嬰兒拼布被毯 參照P.58，將布片A至D進行拼接之後，製作12片表布圖案→併接成3×4列→於布片E與F上，進行貼布縫→於表布圖案的周圍接縫布片E與F，製作表布→疊放上鋪棉與胚布之後，進行壓線→將周圍進行滾邊（參照P.82）。

圍兜 將布片a至g'進行拼接之後，製作表布→疊放上鋪棉與胚布之後，進行壓線→將周圍進行滾邊→將掛繩依照相同作法進行壓線，將周圍進行滾邊→接縫按釦。

※圍兜原寸紙型B面⑫。

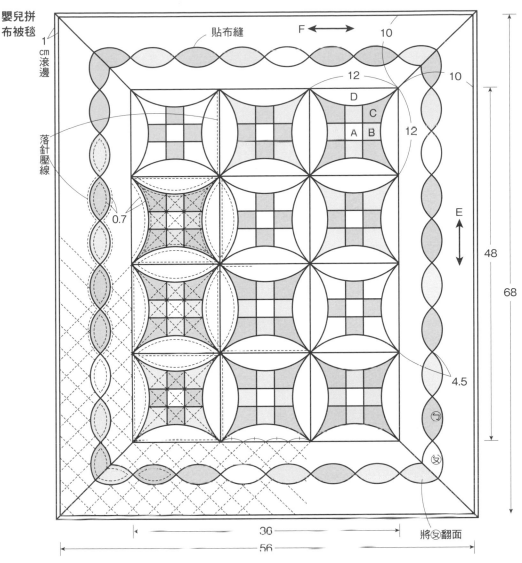

嬰兒拼布被毯

1cm滾邊

貼布縫　F　10

落針壓線

12
D
C
A B
10
12

0.7

E

48

68

4.5

⑤

⑥

36

將⑥翻面

56

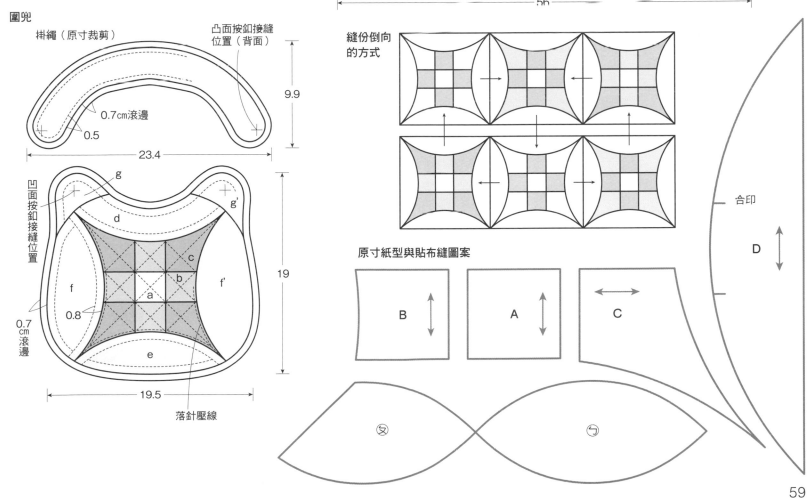

圍兜

掛繩（原寸裁剪）

凸面按釦接縫位置（背面）

0.7cm滾邊
0.5

9.9

23.4

凹面按釦接縫位置

g
d
g'
c
b
f
a
f'
0.7cm滾邊
0.8
e

19

19.5

落針壓線

縫份倒向的方式

原寸紙型與貼布縫圖案

B　A　C

合印

D

⑤　⑥

59

配色教學

一邊學習基礎的配色技巧，一邊熟悉拼布特有的配色方法。第18回在於學習使用和布的配色方法。不單單是古布，將現代的和布或是呈現和風的印花布等加以組合，以自由的發想表現出和布的美感。

指導／飯高悅子

將和風印象擴大展開的配色

擴及美國流行的拼布的圖案，仔細觀察的話，會發現還有近似日本傳統文樣的形狀。再者，像是花朵或窗戶等的具體圖案，可以輝映在日本的花朵及風景上來進行配色。透過在腦海中擴大印象的方式，選布就會順利進行，進而浮現出活用和布的創意。

腦海浮現出風景後，進行配色

岩石與波浪撞擊的印象

貝殼＝青海波文樣

以布表現撞擊岩石的波浪及水流。藍色系是以水的概念，茶色系是以岩石的印象挑選用布。完全適合小小零碼布也能使用的碎布拼布的圖案。

想像岩石及波浪

即使是縐綢或綢布等厚度及伸縮度不同的布料，透過貼布縫的方式，也能簡單的加以組合。將圓弧部分進行平針縫，並添加紙型後，以熨斗整燙出形狀，進行藏針縫。

土台布為海洋印花布

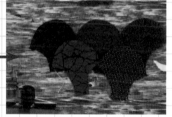

在土台布的配置上，選用了大量船隻浮泛的海洋印花布。為了疊放後能逐一進行貼布縫，因此選用了易於縫針穿縫的布料，圖案的最上層，為了使水面稍稍可見般的進行配置。

表現從窗戶看到的風景

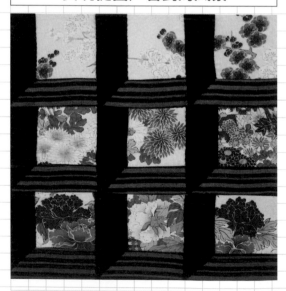

從1片布開始裁剪

花朵圖案的布使用被稱為羽裏的羽織內層。刻意地從1片布剪下布片，作出統一感。

利用單一色彩營造出俐落感

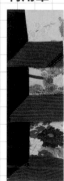

雖然在窗框上試著選擇紫色素布與條紋花樣布來配置，但因為和花朵圖案的粉紅色太過於相搭，會完全同化混淆，所以使用了接近黑色的藏青色作一整合收束。

使用各式各樣的花朵圖案

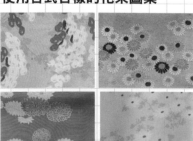

雖然第18回為求統一感，而使用1片布，但只要色調及畫風使用不同的花朵圖案，即可成為樣本的作品。

閣樓斜窗＝格子窗

設計了從格子窗向外眺望庭院時的風景。在3段窗戶的上段，配置高高地伸向天空的梅枝，中段配是楚楚可憐的菊花，下段則配置屹立不搖的牡丹。窗框使用條紋花樣布，營造距離的深度。

將現代布加以組合搭配

使用漸層布

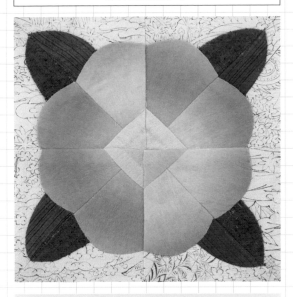

太陽玫瑰＝姬山茶花

以太陽玫瑰的圖案為基礎，配置葉子後，製作成原創的姬山茶花的圖案。將色彩繽紛又有美麗漸層的木綿綢緞使用在花瓣與花朵上，背景則配置上僅有線條的簡單花紋布。

考量深淺再行裁剪

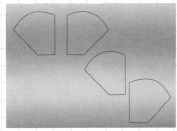
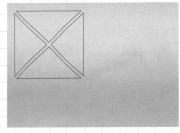

當使用帶有深淺色調的布時，請考量光線照射的方向，再行裁剪布片。因為植物本身帶有的光澤也會呈現出來，所以建議使用帶有深淺色調的布。

為了呈現出距離的深度

葉子上所選擇的2種綢布，使用了帶有能表現出葉脈的條紋花樣布。透過使用具有方向性的布，則可營造出距離的深度。

統一色調

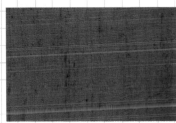

雖然試著將葉子的一邊配置上淺綠色，但葉子的印象卻完全過於模糊，因此決定統一色調。

將背景作成和風印象

風扇＝扇子

腦海中一邊浮現出竹林，一邊將清爽的綠色系零碼布加以組合而成。零碼布不使用和服花樣，而是使用現代的印花布，透過將底色配置上文字的花樣，營造出和風的味道。

不拘泥於和布的使用

不拘泥於和服布料，而是在現代的一般印花布之中，選擇了呈現和風感的布。可選擇竹風印花布或是小碎花圖案等色調相搭布片。

以綢緞呈現素材感

1片零碼布的背面，選擇了綢緞的和服布料。透過添加在最醒目的正中央的方式，尋求背景之間的一體感。

產生透明感的秘密

如圖所示，若於扇子的腰際部分使用深色，則會顯得過於平凡。此處決定使用與底色相同的布，以呈現透明感。

使朱紅色更具效果

添加帶光澤的布

和製鬱金香

意識到日本的復古摩登風,而試著將鬱金香以日式傳統花樣加以組合。花朵是將1片銘仙絹綢的各個不同部分剪下,底色則使用大花樣的大島綢。葉子與花莖則以素布進行整合。

因為貼布縫而使用大花樣

裁剪過於可惜的大花樣大島綢,只要配置成貼布縫底色使用,即可不必裁剪直接使用。上圖的小碎花大島綢,容易變得過於平凡,因此選擇大花樣。

添加絲綢布料的光澤感

使用於葉子及花莖上,帶有光澤的鮮豔絲絹布料,雖然容易顯得過於浮誇,但若運用在和風的配色上,則意外地完全融入。

使用銘仙絹綢的大花樣

花瓣是從1片銘仙絹綢上剪下來使用。雖然3朵花各別為不同的配色,但因為都是從1片布取下來,更能呈現出統一感。

重點處以黑色作收束

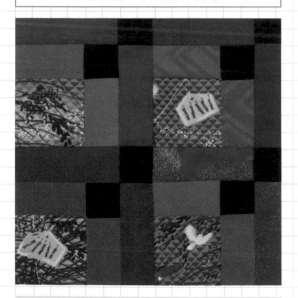

蘇格蘭花呢拼布＝鳥居

從並排的鳥居,以及其間所窺探的景色隱隱乍現,因此選擇了這個圖案。加入在神社玩耍的麻雀,或是比作繪馬扁的鳴子印花布,添加玩心。

以素布加以收斂整合

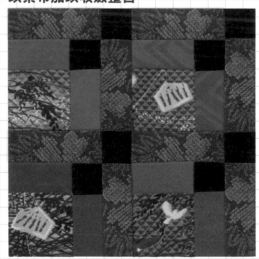

雖然試著將紅色絞染布使用在鳥居部分,但鹿子花樣卻營造出太過柔和的印象,因此改成素布,作出俐落感。

從大花樣剪下

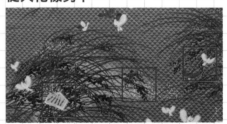

從鳥居之中可見的風景,是從1片布裁剪而來。因為是從鳥居之中窺探的印象,所以故意將圖案從布片的中心錯開後剪下。

活用鮮豔的紅絹布

被使用在從前的和服內裡的紅絹布,每種皆有些許的差異,在組合上非常有趣的布料。因為布料輕薄且柔弱,所以請黏貼上接著襯使用。

活用布片的花樣

使梅花的小花菱紋更具效果

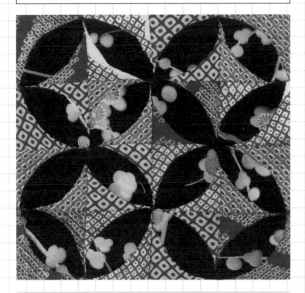

小花菱紋的使用方法

請尋找一處背景部分盡可能大範圍收入的場所。

黃色花朵也均衡地收納其中。

為了作出素面的感覺，因此也刻意裁剪了僅有樹枝的布片。

橘子皮＝七寶

日本傳統文樣的七寶併接，被視為祈福的圖案。為了將圓形圖案進行協調，因此盡可能的多使用小花菱紋的素面部分，並且裁剪得讓梅花呈現出若隱若現的模樣。

使用4種紮染布

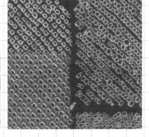

鹿子絞染布是一種價錢較為便宜，且容易取得的和布。此處大量使用了各式不同種類的布，試著營造出熱鬧的氛圍。

雖然將七寶的中心配置成1種布，但因為過於簡單而容易顯得單調之味。

體驗條紋花樣樂趣的方法

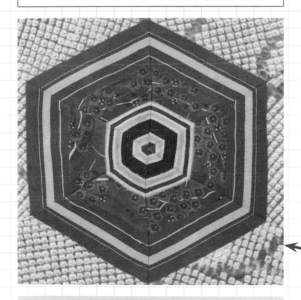

以帶狀拼布製作

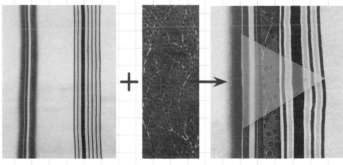

將寬度相異的條紋花樣與花朵圖案布以縫紉機縫合後，製作帶狀布，並裁剪成三角形後，併接而成。透過於之間添加花朵圖案的方式，營造柔和的印象。

2種圖案

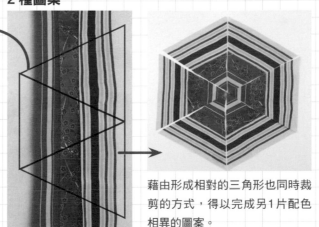

藉由形成相對的三角形也同時裁剪的方式，得以完成另1片配色相異的圖案。

六角形＝龜甲

將條紋花樣加以組合，並裁剪正三角形的布片，設計出龜甲的文樣。底色上使用了相反色的素雅的抹茶色鹿子花樣，進而凸顯出俐落的龜甲文樣。

適合作帶狀拼布的布種？

纖細的條紋花樣，在以縫紉機長距離車縫時，歪斜度會顯得過於醒目，因此不適合。

攝影／山本和正

◆和風生活◆

和布壁飾

朱紅色六角形布片進行貼布縫，縫上色彩繽紛的和布
完成百花爭豔，華麗亮眼的壁飾。以色彩鮮豔的縮緬
布與扎染布片吸引目光。充滿花瓣飛舞散落意境的設
計。

設計・製作／石黑芳枝　116×107cm

作法 P.107

老虎生肖迷你壁飾

進行貼布縫完成老虎生肖圖案，俏皮可愛的設計。使用CLOVER（株）耐熱貼布縫燙墊，以車縫方式接縫原寸裁剪的布片，完成貼布縫圖案。連細部都車縫得十分漂亮。

設計・製作／三輪真理子　31×31cm

作法　P.77

金虎&德勒斯登圓盤
圖案壁飾

以大蝴蝶結為裝飾，十分速配，充滿設計感的金虎，搭配「德勒斯登圓盤」貼布縫圖案的壁飾。以茶色系布片彙整圖案構成沉穩配色。

設計・製作／熊谷和子
　　　　　（うさぎのしっぽ）
67×58cm

作法　P.107

安裝拉鍊的六角形拼接波奇包

活用零碼布片，以和風花樣印花布彙整完成的半圓形波奇包，與「祖母的花園」圖案周圍接縫3圈布片的六角形拼接波奇包。以華麗配色吸引目光。

設計・製作／小嶋由美　No.67 13×22cm　No.68 14.5×16.5cm

作法 P.106

◆增添色彩的桃の節句壁飾◆

雛祭應景壁飾

以桃色和布進行「希臘的十字架」圖案與四角布片配色之後，接縫紫色和風大花樣帶狀區塊與邊飾，構成層次分明的配色。

設計・製作／西澤まり子　132×132cm

作法　P.110

桃の節句（桃花節）：國曆3月3日，日本傳統節慶，又稱雛祭、女兒節、上巳節⋯⋯有女兒的家庭隆重慶祝，祈求女孩健康地成長。

教你學會縫製別出心裁的波奇包！
完全掌握拉錬計算＆接縫方式！

\本書豐富收錄/

直線設計
29款

圓弧曲線
26款

附屬配件
12件

紙型貼心附錄製圖用方格紙

＋

搭配組合作品原寸紙型17款

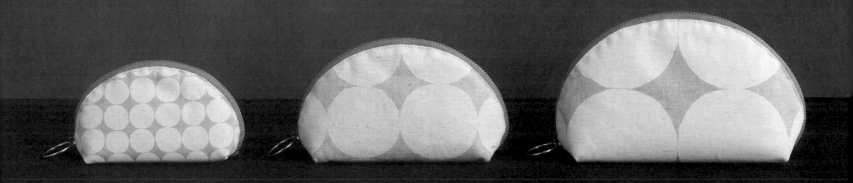

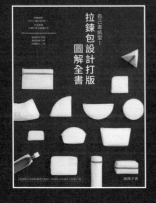

自己畫紙型！
拉錬包設計打版圖解全書

越膳夕香◎著

平裝96頁／19cm×26cm／彩色＋單色
定價480元

日本人氣口金包手作研究家——越膳夕香，自推出《自己畫紙型！口金包設計打版圖解全書》大受好評後，再度出版姐妹作《自己畫紙型！拉錬包設計打版圖解全書》。需要縫製拉錬的作品，一直都是初學者感到困擾的款式，本書作者特別將拉錬分類，整理成實用的紙型打版教科書，讓您能夠簡單的運用，作出符合需要版型的各式拉錬包！自基礎的拉錬介紹、認識拉錬、挑選拉錬開始，配合拉錬製作紙型，依照想要位置、款式、設計，可運用本書的製版教學，自行設計紙型，製作出想要的拉錬包，即使是初學者製作也沒問題！本書附錄紙型貼心加上了製圖用的方格紙，讓想要自學繪製基本版型設計的初學者也能快速上手，縫合拉錬並難事，跟著越膳夕香老師的講解及詳細教學，自由自在地運用本書技法作出各式各樣的拉錬包，享受手作人的設計樂趣吧！

「鳳梨」圖案手提袋

主題圖案部分與側身共布，皆使用花圖案印花布，巧妙運用花樣而增添變化。
深淺配色手提袋，最適合這個季節提用。

設計・製作／山口泰代　36.5×36cm

作法　P.109

製作協力／山保政代
攝影／藤田律子（作法流程）　山本和正（作品）

風車 (Pinwheel)

指導／佐藤尚子

圖案難易度

Pinwheel意思為風車、車輪。以Pinwheel命名的拼布圖案非常多，這次介紹扇葉為梯形與三角形的圖案設計。配色時突顯扇葉布片，梯形使用小巧花樣，完成的圖案更加生動活潑，整體設計更加耀眼吸睛。

71

色彩繽紛的風車圖案壁飾

改變布片形狀，變換組合運用，以三角形與梯形2種布片構成圖案。三角形的位置改變之後，風車的扇葉看起來更是不停地轉動著。以綠色邊飾彙整色彩繽紛的風車。

設計／佐藤尚子　製作／伊藤和子　51.5×51.5cm
作法P.106

裡袋接縫打褶內口袋。

典雅跳色大花樣風車圖案手提袋

以大花樣印花布裁製風車圖案區塊，左右接縫無色彩灰色素布襯托圖案，配色典雅、圖案鮮明的手提袋。以壓縫線條與好質感同色布片彙整完成，冬季使用優雅又百搭。疊合羅緞帶車縫完成的黑色×藍色提把，大大發揮重點配色效果。

設計／佐藤尚子　製作／山保政代　　30×38㎝

作法P.73

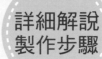
詳細解說
製作步驟

72

區塊的縫法

拼接A至D布片，完成4個正方形區塊，分別接縫2個區塊，彙整成圖案。重點是角上部位必須處理得很漂亮，因此疊合布片以珠針固定時，請確實地對齊角上部位。尤其是接縫處，必須更加確實地對齊、固定角上部位，並接縫處進行一針回針縫以免綻開。

＊ 縫份倒向

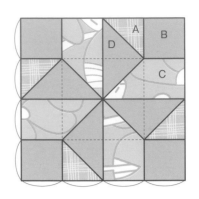

1 A與B布片各準備1片。用布背面疊合紙型，以2B鉛筆作記號，預留縫份0.7cm，進行裁布。裁好布片之後，先並排確認，以免弄錯拼接位置。

2 正面相對疊合2片，對齊記號，以珠針固定兩端與中心。由布端開始拼接，進行一針回針縫後，進行平針縫，縫至布端，再進行一針回針縫。

3 縫份整齊修剪成0.6cm左右之後，倒向A布片側。接縫A、B的小區塊與梯形C布片。

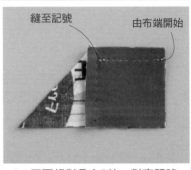

4 正面相對疊合2片，對齊記號，以珠針固定，由布端縫至記號。

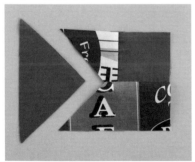

5 步驟4的縫份倒向C布片側。小區塊凹處以鑲嵌拼縫接合D布片。

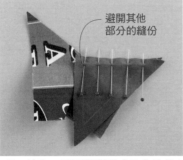

6 首先，正面相對疊合D布片的1邊與A布片的底邊，對齊記號，以珠針固定。固定角上部位時，避開其他部分的縫份。

避開其他部分的縫份

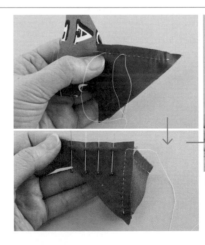

7 由布端縫至角上的記號為止，進行一針回針縫。暫休針，疊合下一邊與C布片的斜邊，以珠針固定記號處，再由角上縫至布端。

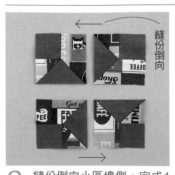

8 縫份倒向小區塊側。完成4個小區塊之後，上下並排，分別接縫2片。仔細確認以免弄錯方向。

縫份倒向

9 正面相對疊合小區塊，對齊記號，以珠針固定。由布端縫至布端，縫份倒向C布片側，完成帶狀區塊。

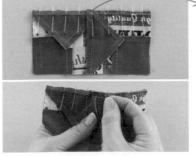

10 正面相對疊合2個帶狀區塊，以珠針固定兩端、中心、接縫處、兩者間。由布端縫至布端，接縫處進行一針回針縫以免綻開。

固定接縫處後不綻開的秘訣

一邊併攏接縫處的山狀部位，一邊對齊記號，珠針垂直穿入。

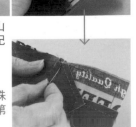

跨越記號，以另一支珠針挑布後固定。取下第一支珠針。

●材料

各式拼接用布片　B、D用灰色素布40×20cm　E用布
35×15cm　F用布60×35cm　裡袋用布110×35cm（包
含內袋口部分）　提把用布45×15cm　單膠鋪棉90×40
cm　寬2.5cm 羅紋緞帶90cm　雙面接著襯適量

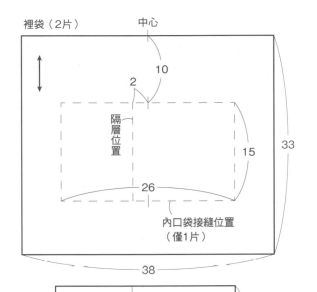

裡袋（2片）
中心
內口袋接縫位置
（僅1片）

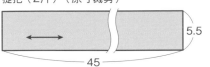
內口袋
隔層位置

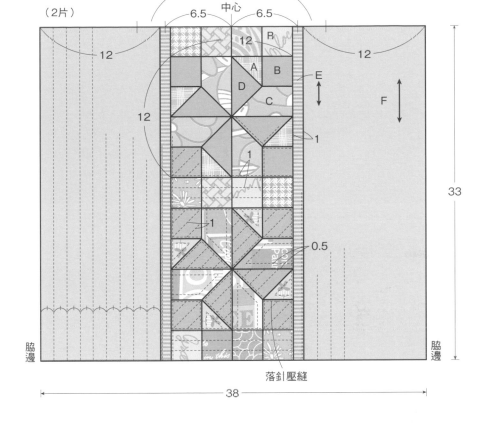
提把接縫位置
落針壓縫

提把（2片）（原寸裁剪）

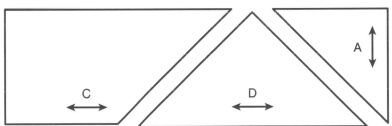
原寸紙型

1 拼接布片完成2片表布。

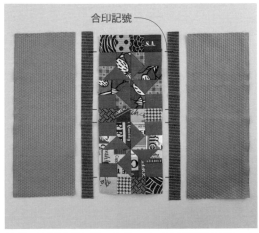

接縫2片圖案與4片B布片，完成3個帶狀區塊，左
右依序接縫E與F布片。拼接部位較長，建議E布片
作上合印記號。此範例於疊合B帶狀區塊位置作合
印記號。

步驟1的縫份倒向外側，以熨斗整燙。F布片背面
側的重要位置，以疏縫線縫記號，讓記號出現在正
面側。

2 描畫壓縫線。

描畫直線，因此使用定規尺。使用印上寬1cm平行
線的定規尺更加方便。F布片的線條以布料花樣為
大致基準，描畫9等份幅寬，依喜好決定幅寬亦
可。

3 | 以熨斗燙黏接著鋪棉。

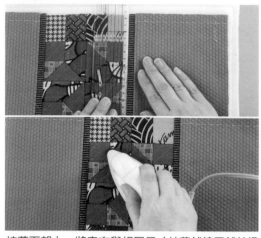

接著面朝上,將表布與相同尺寸接著鋪棉平鋪於燙墊上,疊合表布。此時,請沿著E布片接縫處擺放定規尺,確認布片是否平直接縫,若發現歪斜,立即修正。由中心附近開始,以熨斗進行全面壓燙促使黏合。

4 | 進行壓線。

壓燙部位確實散熱冷卻之後,由中心附近開始,挑縫2層,進行壓線。慣用手中指套上頂針器,一邊推壓針頭,一邊挑縫2、3針,縫上整齊漂亮的針目。

F布片進行車縫壓線亦可。已黏貼接著鋪棉,因此布片不會錯開位置,順利完成漂亮壓線。

5 | 沿著背面周圍描畫完成線。

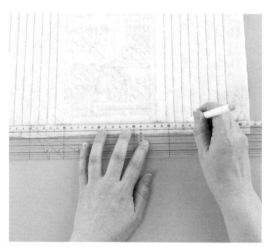

珠針垂直穿入疏縫後出現的記號處※,以穿向背面的珠針為大致基準,擺放定規尺,描畫完成線。以手藝用水性筆描畫清晰容易分辨的線條。
※穿入珠針時,上下穿入角上、F布片接縫處4處,兩脇邊則穿入角上、兩者間2處。

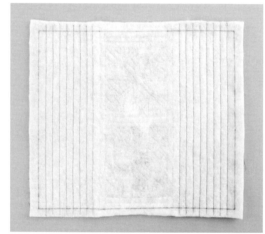

描畫完成線後樣貌。接著完成另1片。

6 | 疊合2片縫成袋狀。

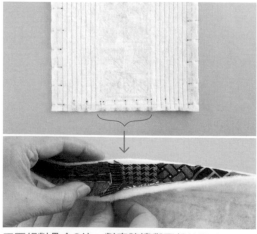

正面相對疊合2片,對齊脇邊與下部的記號,以珠針固定。固定下部時也看著正面,避免接縫處錯開位置。

進行車縫。車縫靠近時取下珠針。

7 | 縫合側身。

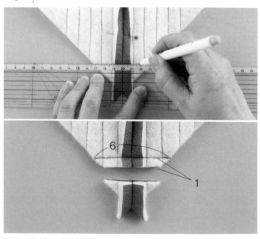

燙開縫份,對齊脇邊與下部接縫處,以珠針固定,擺放定規尺,描畫寬6cm車縫線。車縫後將縫份整齊修剪成1㎝。

8 | 製作提把。

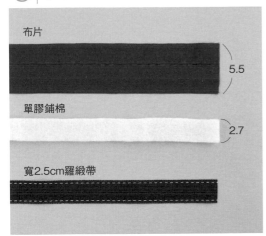

布片

5.5

單膠鋪棉

2.7

寬2.5cm羅緞帶

布片、單膠鋪棉、羅紋緞帶各準備2片。

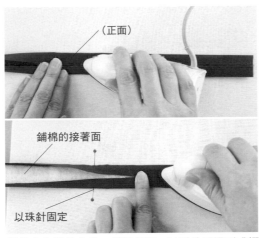

（正面）

鋪棉的接著面

以珠針固定

朝著中心摺疊布片，併攏長邊，以熨斗壓燙形成褶痕。暫時打開布片，沿著中心疊合鋪棉，以布片包覆鋪棉，併攏布片時避免形成空隙，以熨斗燙黏。

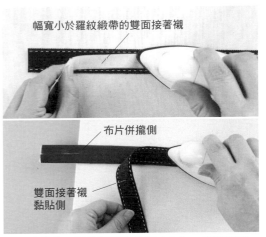

幅寬小於羅紋緞帶的雙面接著襯

布片併攏側

雙面接著襯黏貼側

羅紋緞帶背面燙黏雙面接著襯（上）。撕掉背紙，疊合於布片背面，進行燙黏（下）。

9 | 製作裡袋的內口袋。

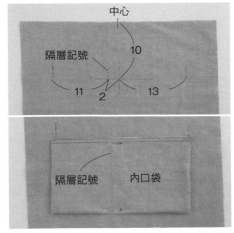

沿著羅紋緞帶兩邊端，仔細地車縫。上線與羅紋緞帶同色，下線與布片同色。

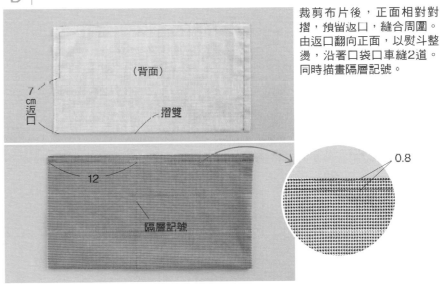

（背面）

7cm返口

摺雙

12

隔層記號

0.8

裁剪布片後，正面相對對摺，預留返口，縫合周圍。由返口翻向正面，以熨斗整燙，沿著口袋口車縫2道。同時描畫隔層記號。

10 | 裡袋接縫內口袋。

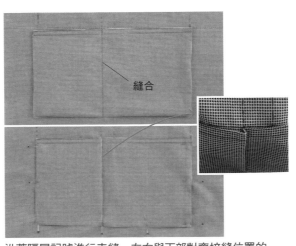

中心

隔層記號

10

11 2 13

隔層記號 內口袋

裡袋用布正面作記號，標出口袋接縫位置。此範例以線縫上記號。疊合內口袋，對齊隔層記號，以珠針固定。

縫合

沿著隔層記號進行車縫。左右與下部對齊接縫位置的記號，以珠針固定。隔層部位打褶後，倒向右側。

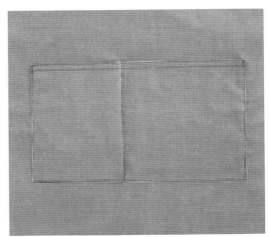

沿著內口袋邊端，進行匚字形車縫。

11 | 縫合裡袋。

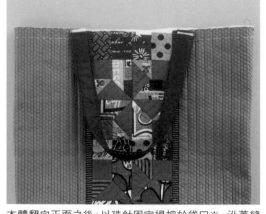

（正面）
（背面）
16cm返口

（背面）　脇邊
6cm

正面相對疊合2片裡袋布，預留返口，車縫成袋狀。如同本體作法，車縫側身（脇邊與下部縫份一起倒向相同方向狀態下）。

12 | 將提把接縫於本體。

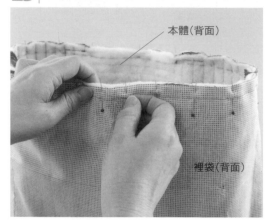

本體翻向正面之後，以珠針固定提把於袋口※，沿著縫份進行車縫，暫時固定提把。
※提把微微地傾斜車縫，更舒適好用。

13 | 正面相對疊合本體與裡袋，沿著袋口進行縫合。

本體（背面）

裡袋（背面）

裡袋翻向背面狀態下，放入本體，對齊袋口的記號，以珠針固定脇邊、中心、兩者間。稍微靠近記號上方，以疏縫線暫時固定。

暫時固定後裡袋袋口太大時的處理方法

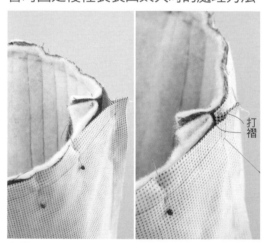

打褶

本體易因車縫壓線而縮小，請於脇邊打褶進行調整。

將縫紉機切換成Free Arm模式，沿著袋口記號進行車縫。依圖示修剪脇邊縫份的鋪棉，降低袋口脇邊部位的厚度。

撕開鋪棉後修剪

14 | 翻向正面。

整齊地修剪袋口縫份之後，由返口拉出本體，翻向正面。

15 | 調整袋口，進行車縫。

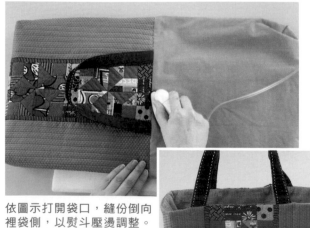

依圖示打開袋口，縫份倒向裡袋側，以熨斗壓燙調整。將裡袋放入本體內側，沿著袋口進行疏縫（右）。

將縫紉機切換成Free Arm模式，沿著袋口內側0.3cm處進行車縫。

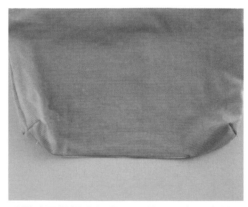

以熨斗壓燙摺疊裡袋返口縫份，進行車縫固定。

使用耐熱貼布縫燙墊，
輕易地完成貼布縫圖案。

CLOVER（株）耐熱貼布縫燙墊，圖案黏貼雙面接著鋪棉之後，依圖示進行組合完成貼布縫圖案的便利工具。

製作P.65迷你壁飾時使用，可輕易地完成貼布縫圖案。

附熨斗保護墊

耐熱貼布縫燙墊材質為耐熱性矽橡膠與玻璃纖維。將耐熱貼布縫燙墊疊在圖案上，底下的圖案清晰可見，圖案黏貼雙面接著襯之後，可直接在燙墊上組合，直接以熨斗燙黏。燙黏後，圖案不會緊緊附著在燙墊上，輕輕撕下，就能夠當作熱接著圖案，黏貼於台布等，完成貼布縫圖案。

材料

各式貼布縫用布片　A用布30×30cm　B用布30×10cm　C用布35×20cm　寬3cm滾邊用斜布條140cm　鋪棉、胚布各35×35cm　金蔥線、25號繡線、雙面接著襯各適量

作法順序

A布片進行貼布縫，周圍接縫B與C布片，完成表布→疊合鋪棉與胚布，進行壓線後，進行刺繡→依左右上下順序，沿著周圍進行滾邊。

※原寸貼布縫圖案紙型B面⑲

指導／三輪真理子

❶

雙面接著襯的背紙側朝上，疊在圖案上，以鉛筆描繪圖案。圖案分別描繪在同一塊布上更節省。

有方向性的圖案請沿向描繪

重疊其他圖案的部分，預留餘份約0.5cm。

❷

雙面接著襯描繪圖案後，疊在布片背面，以熨斗燙黏。

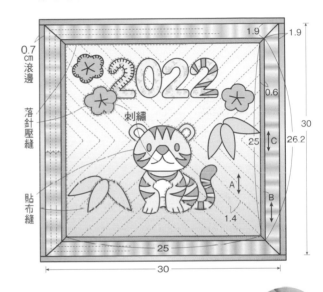

0.7cm滾邊　落針壓縫　貼布縫　刺繡

1.9　1.9　0.6　30　26.2　25　C　A　B　1.4　25　30

❸

（左）剪下圖案後，撕掉背紙。

❹

自由地疊合零碼布片，完成尾巴的條紋模樣。

圖案、耐熱貼布縫燙墊，依序疊放於熨斗用燙墊上，圖案清晰可見，接著疊放主題圖案（由下而上），耐熱貼布縫燙墊素材具有止滑作用，布片、圖案不會錯開位置。

❺

加上保護墊後進行壓燙。主題圖案燙黏後樣貌。燙黏後確實散熱冷卻，即可由耐熱貼布縫燙墊撕下圖案。修剪超出圖案範圍的部分。

❻

熨斗用燙墊上依序疊放圖案、台布，圖案清晰可見，依照圖案，疊放主題圖案之後，以熨斗燙黏。

以車縫方式完成貼布縫圖案

使用3種顏色布片，以透明車縫線進行Z形車縫，完成老虎圖案貼布縫。

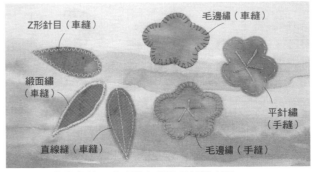

Z形針目（車縫）　毛邊繡（車縫）　緞面繡（車縫）　平針繡（手縫）　直線縫（車縫）　毛邊繡（手縫）

除了進行車縫之外，以手縫方式進行刺繡亦可。

刺繡安定紙　台布（背面）

以車縫方式進行貼布縫時，台布背面疊放不織布刺繡安定紙（車縫後可撕掉）更容易完成作業。

2021台灣拼布藝術節
屏東幸福
follow me
精彩花絮

文字、活動採訪協助／陳韻如老師
攝影協助、圖片提供／鍾志宏先生
執行編輯／黃璟安
★特別感謝活動採訪協助／陳韻如老師

拼布在台灣已有30年的歷史，拼布人不只學得項技藝，更透過拼布把心中的美傳遞給家人 朋友們。近年因經濟發展趨緩，社會變遷，科技網路快速發展等等因素，拼布人的連結看起來增多也方便，但多是透過網路且個體獨立的連結，實體的互動和團體的聚會相對的變少了，拼布的溫度似乎有下降的趨勢。有鑑於此，四年前數位資深的拼布老師希望能招

聚在各處的拼布人，連結大家一起歡慶屬於自己的節日，透過活動重燃拼布人的熱情，每年至少完成一件作品，藉著團聚時的交流彼此對拼布的熱情互相傳導，全省各地區願意接手主辦的老師，曬被地點就在老師的所在地舉行。

促使拼布教室與老師們也能交流合作，增加教學與學習的機會，帶動相關產業推展。

每一年的曬被主辦團隊都會選定一個主題，籌備團隊想了許多主題及slogan，最後決定使用"幸福"主題，延續往年的主題氛圍：拼布人"吉"（集）合，讓（拼布）"愛"飛揚，起步走"平安"到花蓮，Follow me "幸福"到屏東。參與展出的作品約200件出頭。我們採取網路報名，共有170人次報名，實際參展人數是160人。

曬被當天實際參與活動的人數約200人，來自全省各地的拼布同好人攜家帶眷，也有老師帶隊組團參加順便兩日遊，間接促進屏東經濟。

2020年台灣的疫情還算平靜，2021年農曆年過後籌備團隊開始規劃各種推廣方案，但從5月份因疫情突然爆發，全國進入三級警戒並且嚴格限制不得群聚，心裡想著曬被節怎麼辦？心情也隨著疫情高低起伏，不能高調的大聲極呼宣傳，但也不能完全不動作，還好各地有許多老師開始了網路課程，也感謝粉絲頁的小編適時的分享訊息。

直到10月份疫情相對較為穩定，籌備團隊才比較放心大力推動曬被活動，各地老師也幫忙大力推動，短短兩個月報名人數從數十人衝高到160多人，心中充滿感動，從這當中看到大家對曬被節的期待與支持，也讓我感受到拼布人就憑藉著對拼布的熱情，願意全力支持一位並不熟悉的老師。感謝在地長官的大力相挺，感謝相關產業的讚助，感謝各地資深老師的協助及支援。

2022年的活動主辦將交棒給竹北的三色菫拼布坊徐中秀老師，主題訂為「2022祈豐年來風城瘋拼布」台灣拼布藝術節在新竹。我手上拿的作品是由徐中秀老師製作的樣本作品。募集主題小品「豐」，豐的涵義可以是豐年、豐富、豐足等，就由人家自由發揮囉！相關訊息請至「台灣拼布藝術節」臉書社團搜尋。新竹最有名的就是風，取其諧音"豐"，一起祈求豐年的來到，願2022年是豐收豐盛、豐富豐足的一年，邀請大家到新竹感受新竹的"風"，"瘋"狂玩新竹！

1、2、3／
屏東熱情的陽光，不只曬被，來自中北部地區的拼布人，也沈浸在久違的陽光中，享受冬季的暖陽。

4／
創作設計：
雲裳縫紉拼布教室－趙瑞雲老師
以紅色代表屏東的太陽、原住民的熱情，第一套琉璃珠的意象以孔雀之珠貼布繡呈現，第二套綻放的花朵則以快速機縫車翻技巧完成，展現優雅氣質。

一定要學會の 拼布基本功

基本工具

針

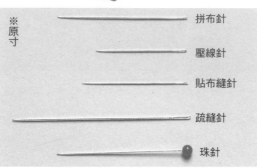

※原寸

拼布針
壓線針
貼布縫針
疏縫針
珠針

配合用途有各式各樣的針。拼布針為8至9號洋針,壓線針細且短,貼布縫針像絹針一樣細又長,疏縫針則比較粗且長。

線

壓縫用線
疏縫線
拼布線

拼布適用60號的縫線,壓線建議使用上過蠟、有彈性的線。但若想保有柔軟度,也可使用與拼布一樣的線。疏縫線如圖示,分成整捲或整捆兩種包裝。

記號筆

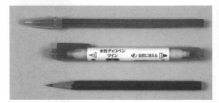

一般是使用2B鉛筆。深色布以亮色系的工藝用鉛筆或色鉛筆作記號,會比較容易看見。氣消筆或水消筆在描畫壓線線條時很好用。

頂針器

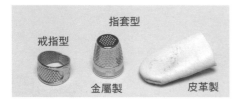

指套型
戒指型
金屬製
皮革製

平針縫與壓線時的必備工具。一旦熟練使用,縫出的針趾就會漂亮工整。戒指型主要用於平針縫,金屬或皮革製的指套則用於壓線。

壓線框

繡框的放大版。壓線時將布框入撐開。直徑30至40cm是好用的尺寸。

拼布用語

◆圖案(Pattern)◆

拼縫三角形或四角形的布片,展現幾何學圖形設計。依圖形而有不同名稱。

◆布片(Piece)◆

組合圖案用的三角形或四角形等的布片。以平針縫縫合布片稱為「拼縫」(Piecing)。

◆區塊(Block)◆

由數片布片縫合而成。有時也指完成的圖案。

◆表布(Top)◆

尚未壓線的表層布。

◆鋪棉◆

夾在表布與底布之間的平面棉襯。適用密度緊實的薄鋪棉。

◆底布◆

鋪棉的底布。夾在表布與底布之間。適用織目疏鬆、針容易穿過的材質。薄布會讓壓線的陰影無法漂亮呈現於表層,並不適合。

◆貼布縫◆

另外縫合上其他的布。主要是使用立針縫(參照P.83)。

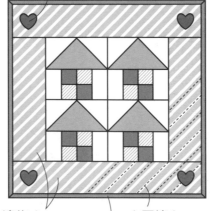

◆大邊條◆

接縫在由數個圖案縫合的表布邊緣的布。

◆包邊◆

以斜紋布條包覆完成壓線的拼布周圍或包包的袋口縫份。

◆壓線線條◆

在壓線位置所作的記號。

◆壓線◆

重疊表布、鋪棉與底布,壓縫3層。

主要步驟

製作布片的紙型。

使用紙型在布上作記號後裁布,準備布片。

拼縫布片,製作表布。

在表布描畫壓線線條。

重疊表布、鋪棉、底布進行疏縫。

進行壓線。

包覆四周縫份,進行包邊。

拼縫前準備工作

下水

新買的布在縫製前要水洗。即使是統一使用相同材質的布拼縫，由於縮水狀況不一，有時作品完成下水仍舊出現皺縮問題。此外，以水洗掉新布的漿，會更好穿縫，且能預防褪色。大片布就由洗衣機代勞，洗後在未完全乾燥時，一邊整理布紋，一邊以熨斗整燙。

關於布紋

原寸紙型上的箭頭所指方向代表布紋。布紋是指直橫交織而成的紋路。直橫正確交織，布就不會歪斜。而拼布不同於一般裁縫，布紋要對齊直布紋或橫布紋任一方都OK。斜紋是指斜向的布紋。與直布紋或橫布紋呈45度的稱為正斜向。

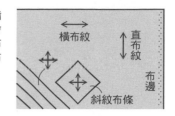

製作紙型

將製好圖的紙，或是自書本複印下來的圖案，以膠水黏貼在厚紙板上。膠水最好挑選不會讓紙起皺的紙用膠水。接著以剪刀沿著線條剪開，註明所需數量、布紋，並視需要加上合印記號。

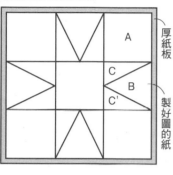

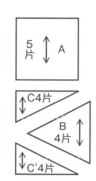

在彎曲的布片加上合印記號

作上記號後裁剪布片

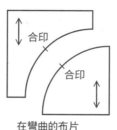

紙型置於布的背面，以鉛筆作上記號。在貼上砂紙的裁布墊上作記號，布比較不會滑動。縫份約為0.7cm，不必作記號，目測即可。

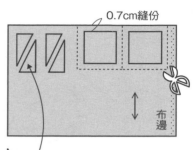

形狀不對稱的布片，在紙型背後作上記號。

拼縫布片

◆始縫結◆

縫前打的結。手握針，縫線繞針2、3圈，拇指按住線，將針向上拉出。

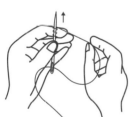

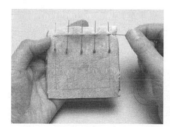

1 2片布正面相對，以珠針固定，自珠針前0.5cm處起針。

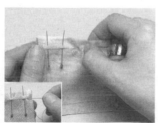

2 進行回針縫，手指確實壓好布片避免歪斜。

3 以手指稍微整理縫線，避免布片縮得太緊。

4 在止縫處回針，並打結。留下約0.6cm縫份後，裁剪多餘布片。

◆止縫結◆

縫畢，將針放在線最後穿出的位置，繞針2、3圈，拇指按住線，將針向上拉出。

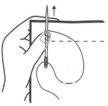

◆分割縫法◆

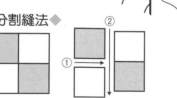

直線方向由布端縫到布端時，分割成帶狀拼縫。

◆鑲嵌縫法◆

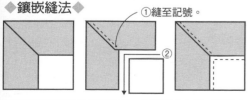

無法使用直線的分割縫法時，在記號處止縫，再嵌入布片縫合。

各式平針縫

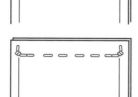

由布端到布端兩端都是分割縫法時。

由記號縫至記號兩端都是鑲嵌縫法時。

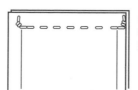

由布端縫至記號縫至記號側變成鑲嵌縫法時。

縫份倒向

縫份不熨開而倒向單側。朝著要倒下的那一側，在針趾向內1針的位置摺疊縫份，以指尖往下按壓。

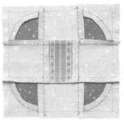

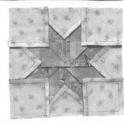

基本上，縫份是倒向想要強調的那一側，彎曲形則順其自然的倒下。其他還有全部朝同一方向倒下，或是倒向外側等，各式各樣的倒向方法。碰到像檸檬星（右）這種布片聚集在中心的狀況，就將菱形布片兩兩縫合成縫份倒向同一個方向的區塊，整合成上下的帶狀布後，再彼此縫合。

描畫壓線線條，進行疏縫

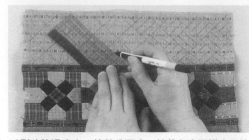

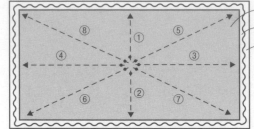

表布（正面）
鋪棉
底布（背面）

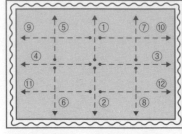

格狀疏縫的例子。適用拼布小物等。

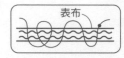

表布

止縫作一針回針縫，不打止縫結，直接剪掉線。

以熨斗整燙表布，使縫份固定。接著在表面描畫壓線記號。若是以鉛筆作記號，記得不要畫太黑。在畫格子或條紋線時，使用上面有平行線及方眼格線的尺會很方便。

準備稍大於表布的底布與鋪棉，依底布、鋪棉、表布的順序重疊，以手撫平，再以珠針重點固定。由中心向外側進行疏縫。上圖是放射狀疏縫的例子。

壓線

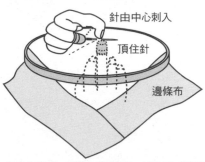

針由中心刺入
頂住針
邊條布

由中心向外，3層一起壓線。以右手（慣用手）的頂針指套壓住針頭，一邊推針一邊穿縫。左手（承接手）的頂針指套由下方頂住針。使用拼布框作業時，當周圍接縫邊條布，就要刺到布端。

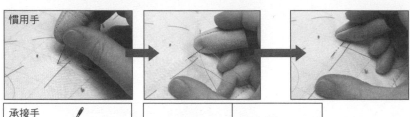

慣用手

承接手

針由上刺入，以指套頂住。→以指套將布往往上提，在指套邊作出一個山形，再以慣用手的指套推針，貫穿山腰。→以指套往左錯開，製造下個一山形，再依同樣方式穿縫。

每穿縫2、3針，就以指套壓住針後穿出。

止縫結　鋪棉　表布
底布　止縫結

從稍偏離起針的位置入針，將始縫結拉至鋪棉內，縫一針回針縫，止縫也要縫一針回針縫，將止縫結拉至鋪棉內藏起來。

包邊

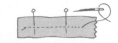

畫框式滾邊　所謂畫框式滾邊，就是以斜紋布條包覆拼布四周時，將邊角處理成及畫框邊角一樣的形狀。

斜紋布條作法

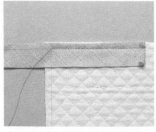

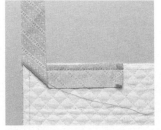

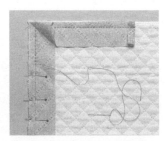

1 在正面描畫四周的完成線。斜紋布條正面相對疊放在拼布上，對齊斜紋布條的縫線記號與完成線，以珠針固定，縫到邊角的記號，在記號縫一針回針縫。

2 針線暫放一旁，斜紋布條摺疊成45度（當拼布的角是直角時）。重要的是，確實沿記號邊摺疊成與下一邊平行。

3 斜紋布條沿著下一邊摺疊，以珠針固定記號。邊角如圖示形成一個褶子。在記號上出針，再次從邊角的記號開始縫。

◆量少時◆

必須是包邊寬度的4倍
45度

布摺疊成45度，畫出所需寬度。1cm寬的包邊需要4cm、0.8cm寬要3.5cm、0.7cm寬要3cm。包邊寬度愈細，加上布的厚度要預留寬一點。

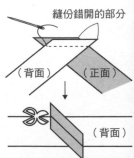

縫份錯開的部分
（背面）　（正面）
（背面）

接縫布條時，兩片正面相對，以細針目的平針縫縫合。熨開縫份，剪掉露出外側的部分。

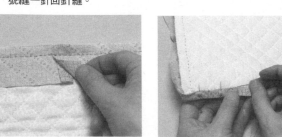

4 布條在始縫時先摺1cm。縫完一圈後，布條與摺疊的部分重疊約1cm後剪斷。

5 縫份修剪成與包邊的寬度，布反摺，以立針縫縫合於底布。以布條的針趾為準，抓齊滾邊的寬度。

6 邊角整理成布條摺入重疊45度。重疊處縫一針回針縫變得更牢固。漂亮的邊角就完成了！

◆量多時◆

  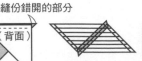

縫份錯開的部分
（背面）
（正面）

布裁成正方形，沿對角線剪開。

裁開的布正面相對重疊並以車縫縫合。

熨開縫份，沿布端畫上需要的寬度。另一邊的布端與畫線記號錯開一層，正面相對縫合。以剪刀沿著記號剪開，就變成一長條的斜紋布。

拼布包縫份處理

A 以底布包覆

側面正面相對縫合，僅一邊的底布留長一點，修齊縫份。接著以預留的底布包覆縫份，以立針縫縫合。

B 進行包邊（外包邊的作法相同）

適合彎弧部分的處理方式。兩片正面相對疊合（外包邊是背面相對），疏縫固定，斜紋布條正面相對，進行平針縫。

修齊縫份，以斜紋布條包覆進行立針縫，即使是較厚的縫份也能整齊收邊。斜紋布條若是與底布同一塊布，就不會太醒目。

C 接合整理

處理後縫份不會出現厚度，可使作品平坦而不會有突起的情形。以脇邊接縫側面時，自脇邊留下2、3cm的壓線，僅表布正面相對縫合，縫份倒向單側。鋪棉接合以粗針目的捲針縫縫合，底布以藏針縫縫合。最後完成壓線。

貼布縫作法

方法A（摺疊縫份以藏針縫縫合）

在布的正面作記號，加上0.3至0.5cm的縫份後裁布。在凹處或彎弧處剪牙口，但不要剪太深以免綻線，大約剪到距記號0.1cm的位置。接著疊放在土台布上，沿著記號以針尖摺疊縫份，以立針縫縫合。

方法B（作好形狀再與土台布縫合）
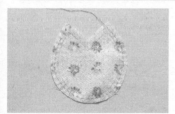 

在布的背面作記號，與∧一樣裁布。平針縫彎弧處的縫份。始縫結打大一點以免鬆脫。接著將紙型放在背面，拉緊縫線，以熨斗整燙，也摺好直線部分的縫份。線不動，抽掉紙型，以藏針縫縫合於土台布上。

基本縫法

◆平針縫◆
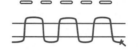

◆回針縫◆
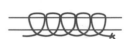

◆立針縫◆
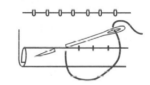

◆星止縫◆

◆捲針縫◆

◆梯形縫◆

兩端的布交替，針趾與布端呈平行的挑縫

安裝拉鍊

從背面安裝
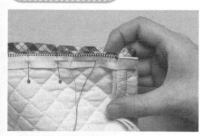

對齊包邊端與拉鍊的鍊齒，以星止縫縫合，以免針趾露出正面。以拉鍊的布帶為基準就能筆直縫合。
※縫合脇邊再裝拉鍊時，將拉鍊下止部分置於脇邊向內1cm，就能順利安裝。

從正面安裝

同上，放上拉鍊，從表側在包邊的邊緣以星止縫縫合。縫線與表布同顏色就不會太醒目。因為穿縫到背面，會更牢固。背面的針趾還可以裡袋遮住。

拉鍊布端可以千鳥縫或立針縫縫合。

包邊繩作法

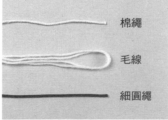
棉繩
毛線
細圓繩

縫合側面或底部時，先暫時固定於單側，再壓緊一邊將另一邊包邊繩縫合固定。始縫與止縫平緩向下重疊。

以斜紋布條將芯包住。若想要鼓鼓的效果就以毛線當芯，或希望結實一點就以棉繩或細圓繩製作。棉繩與細圓繩是以用斜紋布條夾邊縫合，毛線則是斜紋布條縫合成所需寬度後再穿。

◆棉繩或細圓繩◆

◆毛線◆

作品紙型＆作法

＊圖中的單位為cm。
＊圖中的❶❷為紙型號碼。
＊完成作品的尺寸多少會與圖稿的尺寸有所差距。
＊關於縫份，原則上布片為0.7cm、貼布縫為0.3至0.5cm，其餘則預留1cm後進行裁剪。
＊附註為原寸裁剪標示時，个留縫份，直接裁剪。
＊P.80至P.83基礎技巧請一併參考。
＊刺繡方法請參照P.110。
＊六角形拼接方法請參照P.111。

P2・P3　No.1壁飾　No.2至No.4杯墊　●紙型B面❼・紙型A面❿

◆材料
No.1 各式貼布縫用布片 A用布40×40cm B用布40×50cm 鋪棉、胚布各45×60cm 寬1.2cm織帶100cm 滾邊用寬3.5cm斜布條180cm 25號繡線適量
No.2至No.4 各式貼布縫用布片 表布、鋪棉、胚布各20×15cm 25號繡線適量

◆作法順序
No.1 A布片進行貼布縫、刺繡→接縫A與B布片，完成表布→疊合鋪棉、胚布，進行壓線→縫合固定織帶→進行周圍滾邊（請參照P.82）。
No.2至No.4 表布進行貼布縫、刺繡→依圖示完成縫製。

完成尺寸　No.1 52×35.5cm　No.2至No.4 11×15.5cm

No.3

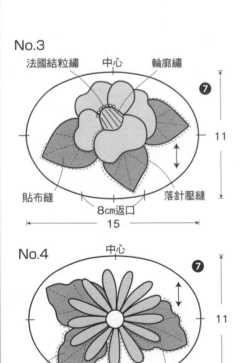

No.4

No.2

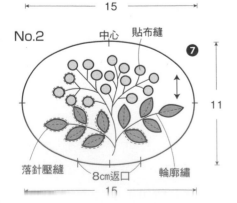

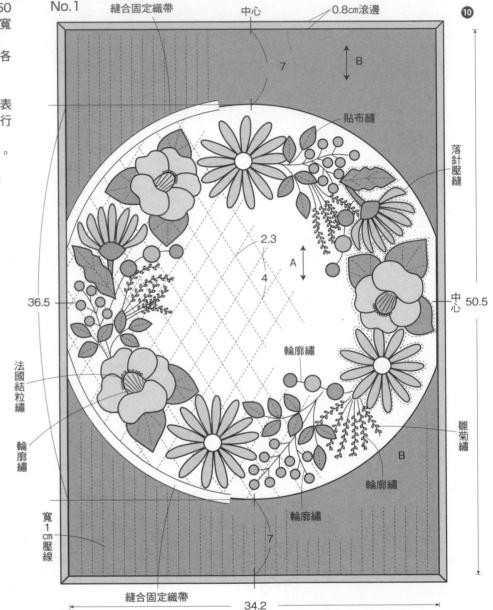

縫製方法

① 表布進行貼布縫、刺繡

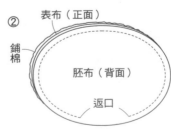

② 背面黏貼鋪棉的表布，正面相對疊合胚布，預留返口，進行縫合。

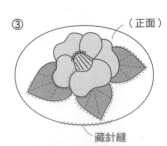

③ 沿著縫合針目邊緣修剪鋪棉，翻向正面。以藏針縫縫合返口，進行壓線。

◆材料
各式拼接、貼布縫用布片　G、H用布70×150cm　鋪棉、胚布各100×270cm
滾邊用寬4cm 斜布條600cm

◆作法順序
拼接A至E布片，完成9片圖案→接縫圖案、A布片拼接的「九宮格」、F布片→
周圍接縫G、H布片後，進行貼布縫，完成表布→疊合鋪棉與胚布，進行壓線
→進行周圍滾邊（請參照P.82）。

完成尺寸　146×146cm

原寸紙型

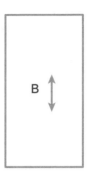

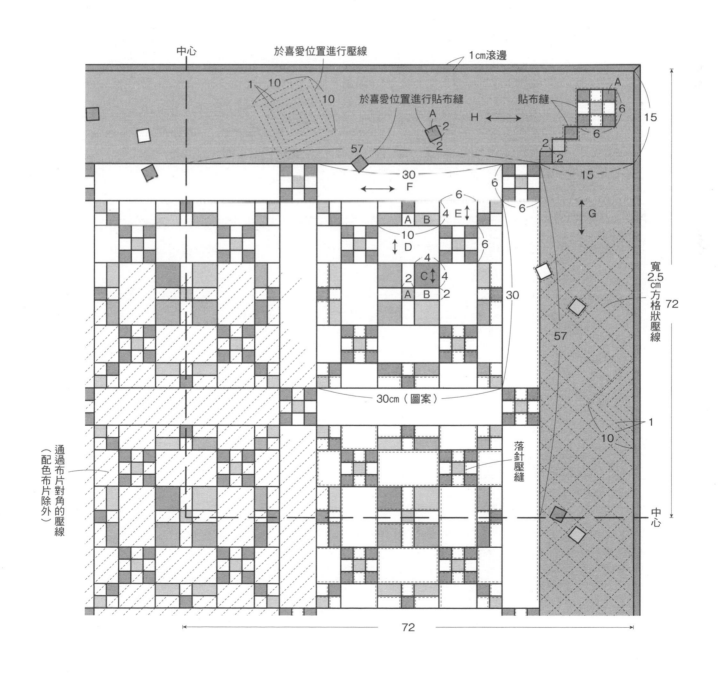

◆材料
各式拼接用布片 B、C用布
90×60cm 滾邊用寬4cm斜布條
410cm 鋪棉、胚布各95×115cm
喜愛的蕾絲、寬約1至1.5cm蕾
絲花片、直徑0.2至0.3cm串珠
各適量

◆作法順序
拼接A布片，周圍接縫B與C布
片，完成表布→疊合鋪棉與胚
布，進行壓線→沿著壓縫線，縫
合固定蕾絲、蕾絲花片、串珠→
進行周圍滾邊。

◆作法重點
○滾邊時角上部位打褶。

完成尺寸 86×106cm

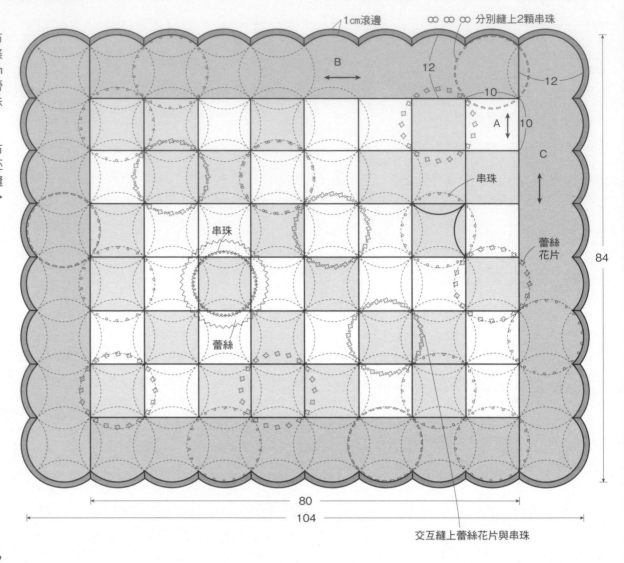

1cm滾邊　∞ ∞ ∞ 分別縫上2顆串珠

B　12　12
10
A　10
C
串珠
串珠
蕾絲
花片
蕾絲
84
80
104
交互縫上蕾絲花片與串珠

P6 No.8 波奇包

◆材料（1件的用量）
各式拼接用布片 B用布25×15cm 滾邊用寬5
cm斜布條50cm 裡袋用布、鋪棉、胚布各
30×25cm 長19cm拉鍊1條 直徑1cm木珠2顆
直徑0.2cm蠟繩20cm 寬1.2cm（或1.6cm）蕾絲
45cm 25號繡線、花藝膠帶各適量

◆作法順序
拼接A布片，接縫B布片，完成表布→疊合鋪
棉與胚布，進行壓線→正面相對由袋底中心對
摺，縫合脇邊→進行袋口滾邊→依圖示處理袋
口。

完成尺寸 13×21cm

蕾絲　1.2cm滾邊
刺繡
A
12
落針壓縫
袋底中心
24
12
B
脇邊　脇邊
21

※裡袋與本體裁成相同尺寸，
以相同作法進行縫合。

袋口的處理方法

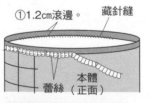

①1.2cm滾邊。　藏針縫
蕾絲　本體（正面）

②沿著滾邊部位縫合固定蕾絲。

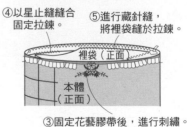

④以星止縫縫合
固定拉鍊。
⑤進行藏針縫，
將裡袋縫於拉鍊。
裡袋（正面）
本體（正面）

③固定花藝膠帶後，進行刺繡。
（僅固定花藝膠帶亦可）

原寸紙型＆刺繡圖案

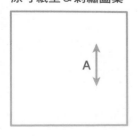

A

花藝膠帶
蛛網玫瑰繡
雛菊繡
輪廓繡
（取2股繡線）
法國結粒繡

※除了指定之外，刺繡時
皆取3股繡線。

拉鍊　拉鍊裝飾

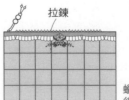

打結
6
串珠
蠟繩穿過拉片的孔洞

No.7 束口手提袋

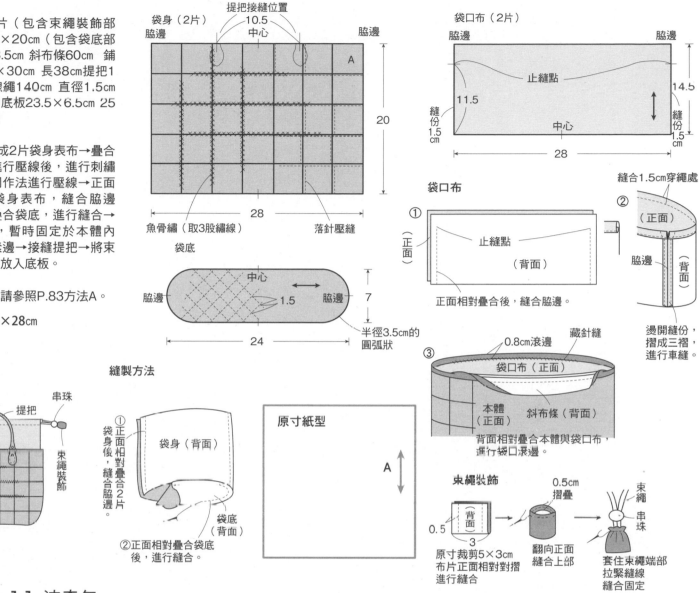

◆材料
各式拼接用布片（包含束繩裝飾部分） 袋口布90×20cm（包含袋底部分） 滾邊用寬3.5cm 斜布條60cm 鋪棉、胚布各80×30cm 長38cm提把1組 直徑0 4cm線繩140cm 直徑1.5cm 串珠2顆 包包用底板23.5×6.5cm 25號白色繡線適量

◆作法順序
拼接A布片，完成2片袋身表布→疊合鋪棉與胚布，進行壓線後，進行刺繡→袋底也以相同作法進行壓線→正面相對疊合2片袋身表布，縫合脇邊後，正面相對疊合袋底，進行縫合→製作袋口布後，暫時固定於本體內側，進行袋口滾邊→接縫提把→將束繩穿入袋口布→放入底板。

◆作法重點
○縫份處理方法請參照P.83方法A。

完成尺寸　20.5×28cm

袋身（2片）
提把接縫位置
脇邊　中心　脇邊
10.5
A
20
28
魚骨繡（取3股繡線）　落針壓縫

袋底
中心
脇邊　1.5　脇邊
7
24
半徑3.5cm的圓弧狀

袋口布（2片）
脇邊　脇邊
11.5
止縫點
縫份1.5cm　中心　縫份1.5cm
14.5
28

袋口布
① （正面）（背面） 止縫點
正面相對疊合後，縫合脇邊。

② 縫合1.5cm穿繩處 （正面）脇邊（背面）
燙開縫份，摺成三褶，進行車縫。

③ 0.8cm滾邊　藏針縫
袋口布（正面）
本體（正面）　斜布條（背面）
背面相對疊合本體與袋口布，進行袋口滾邊。

縫製方法

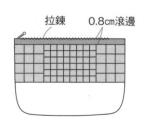
束繩　提把　串珠
以回針縫進行接縫　束繩裝飾

① 正面相對疊合袋身後，縫合脇邊。 袋身（背面）
② 正面相對疊合袋底後，進行縫合。 袋底（背面）

原寸紙型
A

束繩裝飾
0.5　3 背面
原寸裁剪5×3cm 布片正面相對對摺進行縫合
0.5cm摺疊 翻向正面縫合上部
束繩 串珠 套住束繩端部拉緊縫線縫合固定

No.11 波奇包

◆材料
各式拼接用布片 C用布35×25cm（包含滾邊部分） 鋪棉、胚布各30×25cm 長15cm拉鍊1條

◆作法順序
拼接A、B布片，接縫C布片，完成表布→疊合鋪棉與胚布，進行壓線→正面相對由袋底中心對摺後，縫合脇邊→縫合側身→進行袋口滾邊→安裝拉鍊。

◆作法重點
○縫份處理方法請參照P.83作法A。

完成尺寸　11×17cm

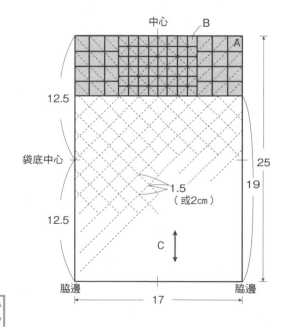
中心　B　A
12.5
袋底中心
1.5（或2cm）
25
19
12.5
C
脇邊　17　脇邊

側身的縫法
脇邊　（背面）
縫合
裁掉多餘的部分
4

拉鍊　0.8cm滾邊

原寸紙型
A　B

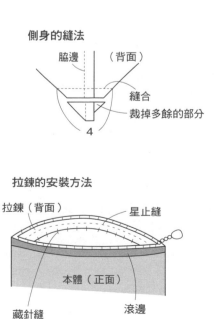
拉鍊的安裝方法
拉鍊（背面）　星止縫
本體（正面）
藏針縫　滾邊

◆材料

各式拼接用布片 B用布20×10cm 滾邊用寬3.5cm斜
布條40cm 鋪棉、胚布各30×20cm 長14cm拉鍊1條

◆作法順序

拼接A布片，接縫B布片，完成表布→疊合鋪棉與胚
布，進行壓線→依圖示完成縫製。

完成尺寸　10.5×16cm

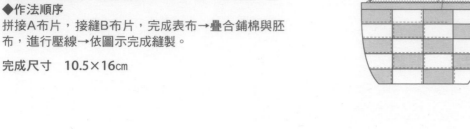

0.8cm滾邊

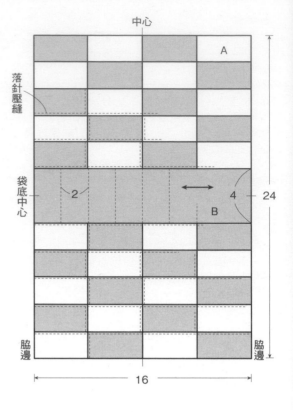

中心

A

落針壓縫

袋底中心

2　　4　24

B

脇邊　　　　脇邊

16

縫製方法

①

（背面）

正面相對由袋底中心摺疊後，
縫合脇邊。

②

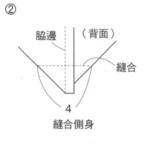

脇邊　（背面）

縫合

4

縫合側身

③

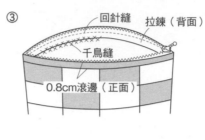

回針縫　拉鍊（背面）

千鳥縫

0.8cm滾邊（正面）

翻向正面，進行滾邊，
安裝拉鍊。

原寸紙型

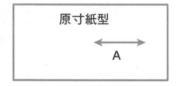

A

◆材料

各式拼接用布片 E用布15×15cm F、G用布25×10
cm 滾邊用寬3.5cm 斜布條25cm 鋪棉、胚布各
25×20cm 直徑0.4cm串珠4顆

◆作法順序

拼接A至D布片，接縫E至G布片，完成表布→疊合鋪
棉，進行壓線→依圖示完成縫製。

◆作法重點

○縫份處理方法請參照P.83方法A。

完成尺寸　15.5×10cm

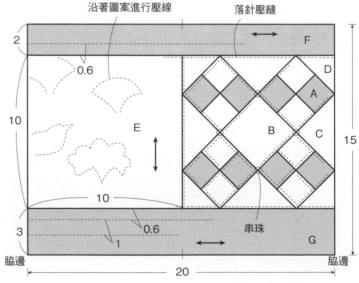

沿著圖案進行壓線　　落針壓縫

2　　　　　　　　　　F

0.6

10　　　　E　　D
A
B　C

10

3　　0.6

1　　　串珠　G

脇邊　　　　　　脇邊

20

15

原寸紙型

P.89 壁飾的原寸紙型

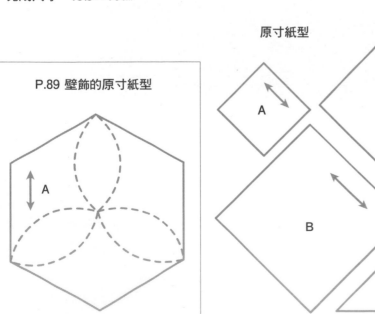

A

A

C

B

D

縫製方法

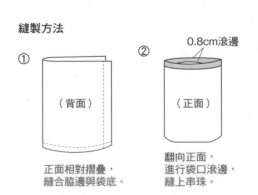

①

（背面）

正面相對摺疊，
縫合脇邊與袋底。

②

0.8cm滾邊

（正面）

翻向正面，
進行袋口滾邊，
縫上串珠。

◆材料
各式拼接、貼布縫用布片 滾邊用寬3.5cm斜布條65cm 鋪棉、胚布、裡布各90×50cm 寬2.5cm蕾絲65cm 直徑1.2cm包釦心2顆 長33cm提把1組

◆作法順序
拼接A布片後，進行貼布縫，分別完成2片袋身與側身的表布→疊合鋪棉與胚布，進行壓線→正面相對縫合2片側身→正面相對疊合袋身與側身，依圖示完成縫製→以回針縫接縫提把。

◆作法重點
○以布片的交點為貼布縫圖案的花心位置。
○進行壓線之後縫上包釦。

完成尺寸　28×25cm

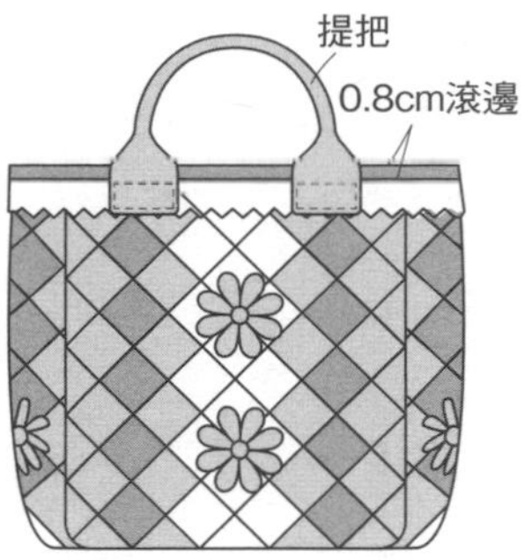

提把
0.8cm滾邊

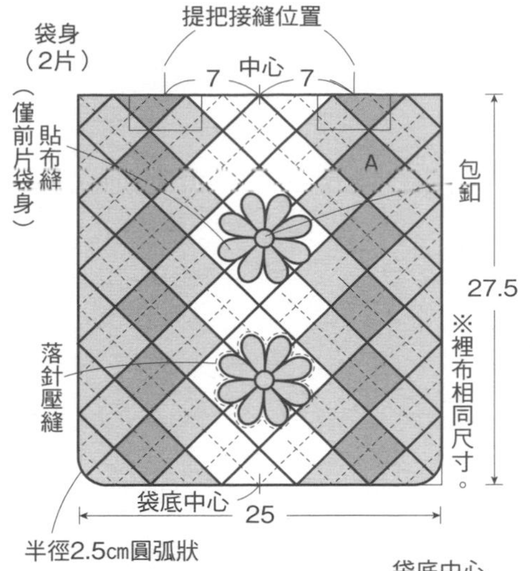

提把接縫位置
袋身（2片）
7 中心 7
（僅前片袋身）
貼布縫
A
包釦
27.5
※裡布相同尺寸。
落針壓縫
袋底中心
25
半徑2.5cm圓弧狀

縫製方法

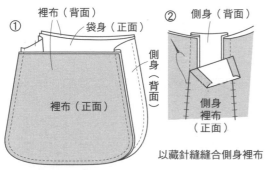

① 裡布（背面）
袋身（正面）
裡布（正面）
袋身疊合裡布後，正面相對疊合側身，進行縫合。

② 側身（背面）
側身（背面）
側身裡布（正面）
以藏針縫縫合側身裡布

③ 滾邊
0.8
裡布（正面）
本體（正面） 蕾絲
暫時固定蕾絲，進行袋口滾邊。

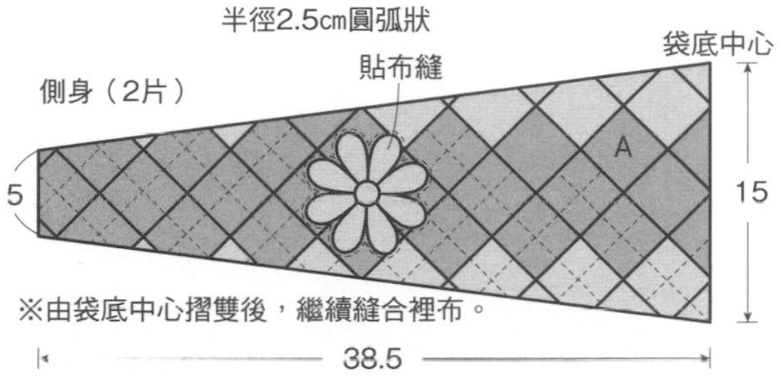

側身（2片）
貼布縫
袋底中心
A
5
15
38.5
※由袋底中心摺雙後，繼續縫合裡布。

側身
鋪棉 胚布 由袋底中心進行縫合

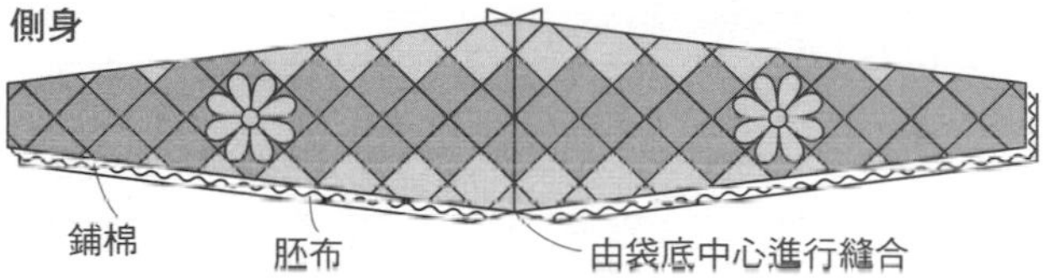

P13 **No.18 壁飾**

◆材料
各式拼接用布片 滾邊用寬3.5cm斜布條550cm 鋪棉、胚布各85×255cm 毛線適量

◆作法順序
以紙襯拼接A布片（請參照P.111），完成10片「祖母的花園」圖案→接縫原色與橘色布片，彙整成圖案→接縫周圍，完成表布→疊合鋪棉與胚布，進行壓線→進行白玉拼布→進行周圍滾邊（請參照P.82）。
※A布片的原寸紙型請參照P.88。

完成尺寸　152.5×119cm

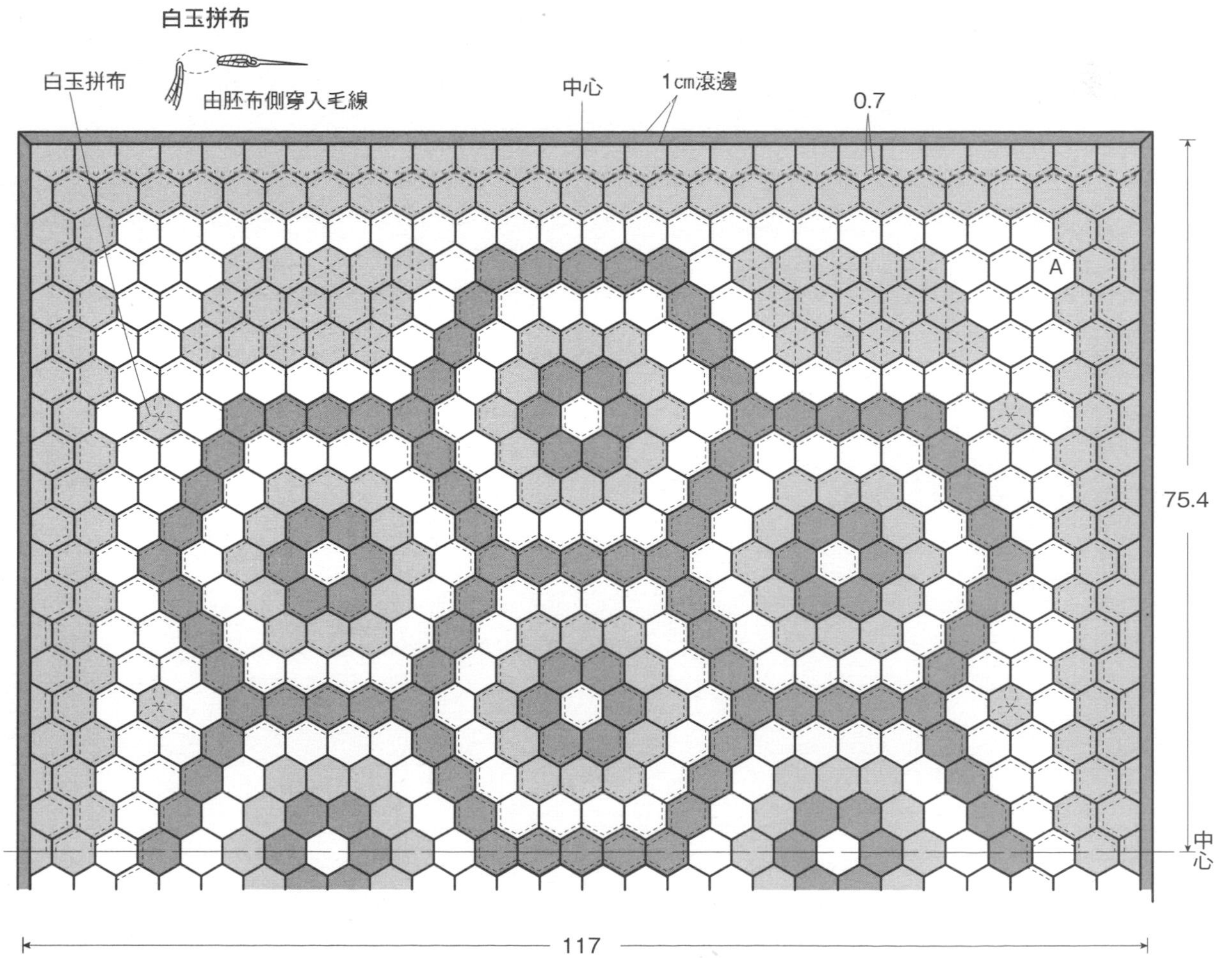

白玉拼布
由胚布側穿入毛線
中心
1cm滾邊
0.7
75.4
中心
117

◆材料
各式拼接用布片 紅色素布110×250cm D、E用布
110×190cm（包含滾邊部分） 鋪棉、胚布各
90×340cm

◆作法順序
拼接A布片，完成指定數量的[ㄅ]與[ㄆ]區塊→交互接
縫5片[ㄅ]區塊與4片[ㄆ]區塊，完成6列橫向的帶狀區
塊→接縫6列橫向的區塊與[ㄇ]區塊，完成表布的中央
部位→周圍以鑲嵌拼縫接合A至C布片之後，接縫D與
E布片，完成表布→疊合鋪棉與胚布，進行壓線→進
行周圍滾邊（請參照P.82）。

完成尺寸 188×160cm

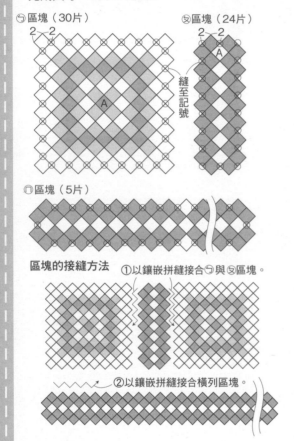

ㄅ區塊（30片）
ㄆ區塊（24片）
ㄇ區塊（5片）

區塊的接縫方法
①以鑲嵌拼縫接合ㄅ與ㄆ區塊。
②以鑲嵌拼縫接合橫列區塊。

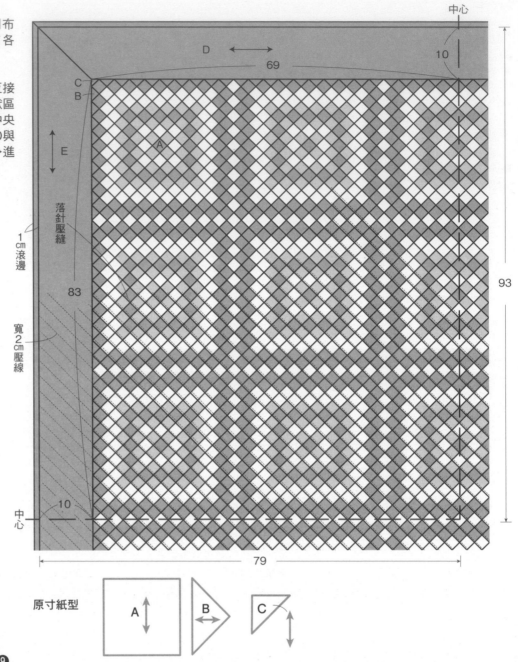

中心
D ← 69
10
C
B
落針壓縫
E
1cm滾邊
83
寬2cm壓線
A
93
中心
10
79

原寸紙型
A
B
C

◆材料
各式拼接、包釦用布片 側身用布
15×15cm 鋪棉、胚布各40×40cm
滾邊用布35×35cm 長25cm拉鍊1
條 直徑3cm包釦心2顆

◆作法順序
拼接布片，完成袋身表布→袋身表
布與側身表布分別疊合鋪棉、胚
布，進行壓線→沿著側身上部進行
滾邊→製作包釦→依圖示完成縫
製。

◆作法重點
○本體的角上部位進行畫框式滾邊
（請參照P.82）。

完成尺寸 波奇包15×21.5cm

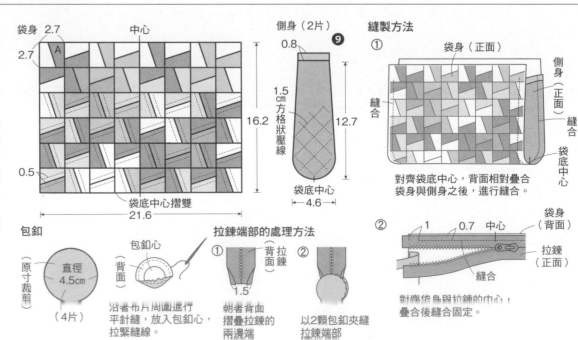

袋身 2.7
中心
2.7
A
0.5
16.2
袋底中心摺雙
21.6

側身（2片）
0.8
❾
1.5cm方格狀壓線
12.7
袋底中心
4.6

縫製方法
①
袋身（正面）
側身（正面）
縫合
縫合
袋底中心
對齊袋底中心，背面相對疊合
袋身與側身之後，進行縫合。

②
1 0.7 中心
袋身（背面）
拉鍊
拉鍊（正面）
縫合
對齊袋身與拉鍊的中心，
疊合後縫合固定。

包釦
（原寸裁前）
直徑4.5cm
（4片）
包釦心
（背面）
沿著布片周圍進行
平針縫，放入包釦心，
拉緊縫線。

拉鍊端部的處理方法
①
背面
拉鍊
1.5
朝著背面
摺疊拉鍊的
兩邊端

②
以2顆包釦夾縫
拉鍊端部

◆材料

各式拼接用布片 後片用布85×40cm（包含裝飾布、側身部分） 裡布110×50cm（包含補強片部分） 鋪棉、胚布各90×70cm 側身胚布用極厚接著襯85×15cm 中厚接著襯40×60cm 寬3cm蕾絲40cm 滾邊用寬3cm斜布條120cm 長41cm拉鍊1組 25號白色繡線適量 直徑1.2cm塑膠按釦1組

◆作法順序

拼接A布片，完成前片、後片、口袋㋡、口袋㋛的表布→前片、後片、側身、口袋㋡、口袋㋛的表布，分別疊合鋪棉與胚布後，進行壓線→製作裝飾布→製作口袋→依圖示完成縫製。

◆作法重點

○刺繡時皆取2股繡線。

完成尺寸　26.5×34.5cm

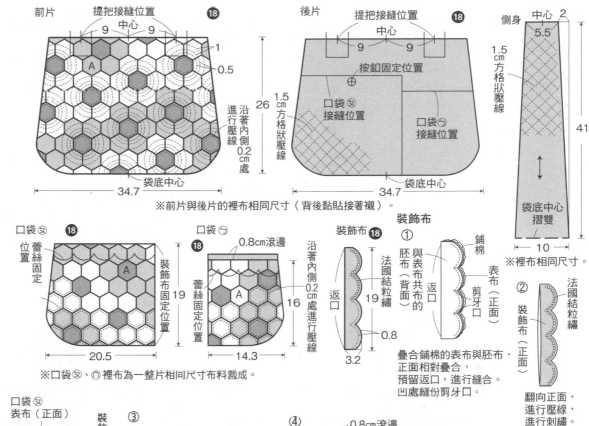

※前片與後片的裡布相同尺寸（背後黏貼接著襯）。

※口袋㋛、㋡裡布為一整片相同尺寸布料裁成。

裝飾布

① 疊合鋪棉的表布與胚布，正面相對疊合，預留返口，進行縫合。凹處縫份剪牙口。

② 翻向正面，進行壓線，進行刺繡。

口袋

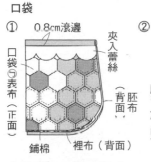

① 完成壓線的口袋㋡的口袋口疊合蕾絲，背面側疊合裡布後，沿著口袋口進行滾邊。

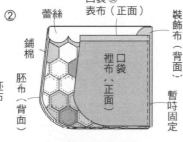

② 完成壓線的口袋㋛，正面相對疊合蕾絲、裝飾布、口袋㋡後，暫時固定。

③ 正面相對疊合口袋㋛裡布後進行縫合

④ 口袋㋛裡布翻向正面後，沿著口袋口㋛上部進行滾邊。

縫製方法

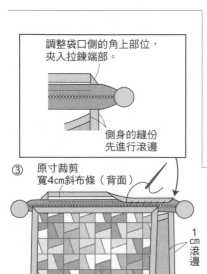

① 完成壓線的後片疊合口袋，背面側疊合裡布後，沿著周圍進行疏縫。

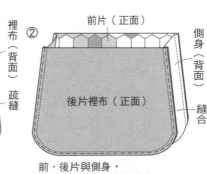

② 前・後片與側身，正面相對疊合後進行縫合。
※前片也以相同作法疊合裡布。

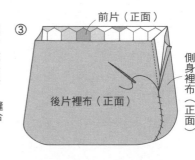

③ 縫份倒向側身側，以藏針縫縫合側身裡布

④ 翻向正面後進行袋口滾邊

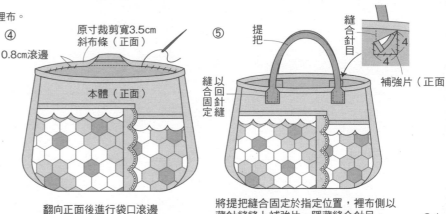

⑤ 將提把縫合固定於指定位置，裡布側以藏針縫縫上補強片，隱藏縫合針目。

調整袋口側的角上部位，夾入拉鍊端部。

側身的縫份先進行滾邊

③ 原寸裁剪寬4cm斜布條（背面）

以斜布條進行縫份滾邊，拉鍊兩端縫上包釦。

原寸紙型

A

◆材料

手提袋 各式拼接、貼布縫、口袋用布片 後片用布110×65cm（包含側身、吊耳、肩背帶部分）鋪棉、胚布、接著襯各100×80cm 裡布110×80（包含拉鍊側身胚布、口袋布部分）底板固定布20×15cm 長40cm提把1組 長20cm、30cm拉鍊各1條 內尺寸2.5cm D型環4個 內尺寸3cm D型環1個 內尺寸2.5cm活動鉤2個 內尺寸2.5cm日形環1個 寬2.5cm平面織帶155cm 包包用底板20×9.5cm 直徑0.2cm串珠適量

肩背包 各式拼接、貼布縫、吊耳用布片 鋪棉、胚布、裡袋用布各85×25cm 長30cm拉鍊1條 內尺寸2.5cm三角環2個 附活動鉤肩背帶1條 直徑0.2cm串珠適量

◆作法順序

手提袋 拼接A布片後，進行貼布縫，完成前片表布→前片、後片、側身的表布疊合鋪棉與胚布，進行壓線，花心縫上串珠→後片接縫口袋、拉鍊口袋→縫合前、後片的尖褶→製作吊耳→製作側身→前片與後片暫時固定吊耳後，正面相對疊合側身，進行縫合→接縫提把→底板放入袋底，以藏針縫縫合裡布。

肩背包 拼接A布片，完成前片與後片的表布→前片進行貼布縫→疊合鋪棉與胚布，進行壓線→依圖示完成縫製。

完成尺寸 手提袋 35×37cm
　　　　　肩背包 19.5×37cm

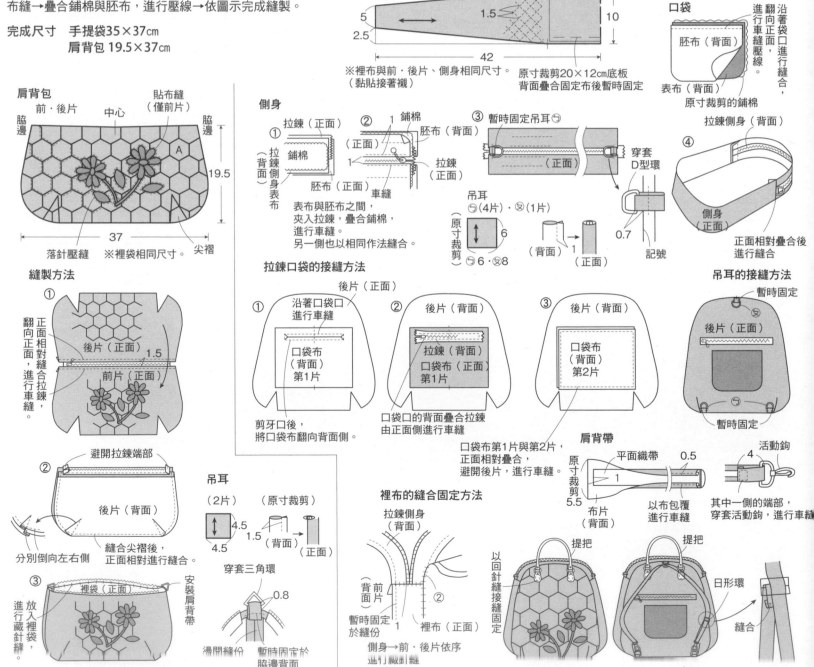

◆**材料**
各式拼接用布片 B用布110×20cm（包含袋口裡側貼邊、袋口布、提把裡布部分） 鋪棉、胚布各90×90cm 裡袋用布80×50cm 提把用寬3cm平面織帶110cm 長55cm雙頭拉鍊1條 23.5×23.5cm底板

◆**作法順序**
拼接布片，完成4片袋身與1片袋底的區塊→袋底四邊接縫袋身區塊，完成表布→疊合鋪棉允胚布，進行壓線→製作提把→製作裡袋→製作袋口布→依圖示完成縫製→放入底板。

完成尺寸　29×48cm

袋口裡側貼邊
（2片）
中心
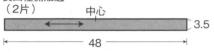
3.5
48
※正面相對疊合2片後接縫成圈。

裡袋
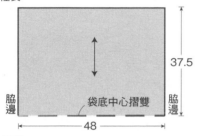
37.5
脇邊　袋底中心摺雙　脇邊
48

裡袋
①正面相對由袋底中心對摺，縫合兩脇邊。
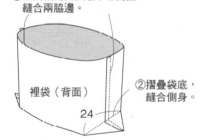
裡袋（背面）
②摺疊袋底，縫合側身。
24

袋口布
（2片）
5
42.5
①
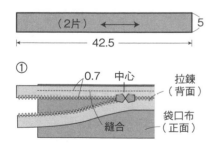
0.7　中心　拉鍊（背面）
縫合　袋口布（正面）
對齊拉鍊與中心，正面相對疊合，縫合固定。

②
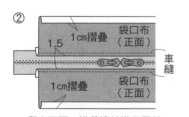
1cm摺疊　袋口布（正面）
1.5　車縫
1cm摺疊　袋口布（正面）
翻向正面，沿著邊端進行壓縫，反摺另一側縫份。

原寸紙型
A

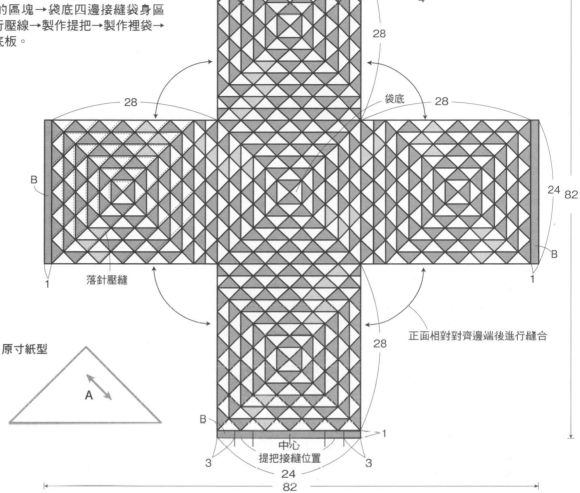

提把接縫位置
中心
1　3　3　B
袋身
A
2　2　4
袋底
28　28　28
24　82
28　B
落針壓縫
1　正面相對對齊邊端後進行縫合
B
中心
提把接縫位置
3　24　3
82

提把
提把裡布（2片）
5
（原寸裁剪）
52
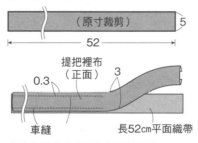
提把裡布（正面）
0.3　3
車縫　長52cm平面織帶
提把裡布朝著背面側摺疊縫份後，疊合平面織帶，進行車縫。

縫製方法
①
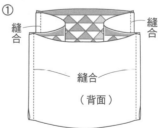
縫合　縫合
縫合
（背面）
正面相對疊合本體各邊後進行縫合

②
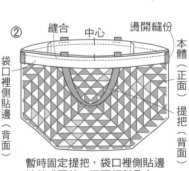
縫合　中心　燙開縫份
袋口裡側貼邊（背面）
本體（正面）　提把（背面）
暫時固定提把，袋口裡側貼邊接縫成圈後，正面相對疊合於本體袋口，進行縫合。

③
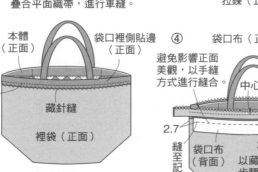
本體（正面）　袋口裡側貼邊（正面）
藏針縫　裡袋（正面）
沿著B的邊緣由正面側進行車縫
本體翻向背面後，背面相對套上裡袋，將袋口裡側貼邊翻向正面，以藏針縫縫於裡袋。

④
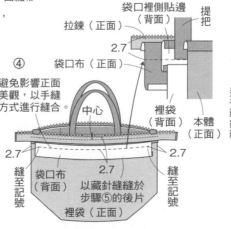
袋口裡側貼邊（背面）　提把
拉鍊（正面）
2.7
袋口布（正面）
避免影響正面美觀，以手縫方式進行縫合。
中心　裡袋（背面）　本體（正面）
2.7　2.7
袋口布（背面）
以藏針縫縫於步驟⑤的後片　裡袋（正面）
縫至記號　縫至記號
袋口裡側貼邊正面相對疊合袋口布，以手縫縫合固定。

⑤

5.5　袋口裡側貼邊（正面）
袋口布（正面）
袋口裡側貼邊（正面）
進行藏針縫朝著內側摺疊袋口布縫份
本體（正面）
翻向正面，朝著內側摺疊袋口布左右側縫份，進行藏針縫。

◆材料

No.21 各式拼接用布片 袋蓋滾邊用寬3.5cm斜布條80cm 本體滾邊用寬3.5cm斜布條60cm 鋪棉、胚布各60×35cm 直徑1.4cm縫式磁釦1組 內尺寸1.5cm D型環2個 附長度3cm活動鉤的肩背帶1條

No.22 各式拼接用布片 B 用布25×45cm（包含口袋部分）鋪棉25×45cm 胚布65×25cm（包含口袋裡布部分）長20cm拉鍊1條 內徑1cm環釦2顆 附長度4cm活動鉤的肩背帶1條

◆作法順序

No.21 拼接A布片，完成袋蓋表布→袋蓋與本體表布疊合鋪棉、胚布，進行壓線→依圖示完成縫製。

No.22 拼接A布片，接縫B布片，完成本體表布→疊合鋪棉、胚布，進行壓線→製作口袋→依圖示完成縫製。

◆作法重點

○No.21的裡袋與本體為一整片相同尺寸布料裁成。

完成尺寸 No.21 20×26cm
　　　　　No.22 21×21cm

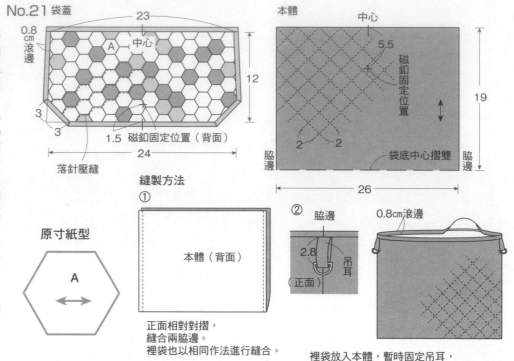

No.21 袋蓋 / 本體 縫製方法

吊耳（2片）
原寸裁剪
背面相對對摺，摺入縫份，進行縫合。

① 正面 0.2
② D型環 穿套D型環

本體後片以藏針縫縫上袋蓋
安裝磁釦
安裝肩背帶

No.22

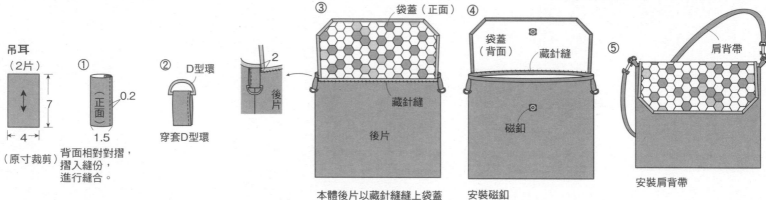

本體 / 口袋 / 縫製方法

口袋
① 表布（正面）裡布（背面）
正面相對疊合表布與裡布，縫合2邊，翻向正面。

② 口袋（正面）縫合
本體疊合口袋後縫合口袋的袋底部位。

原寸紙型 A

① 拉鍊（正面）本體（正面）
摺疊本體縫份後，疊合拉鍊，進行縫合。

② 拉鍊（背面）0.5 千鳥縫
本體的另一側縫合固定拉鍊

③ 沿著摺疊線摺疊（背面）
縫合兩脇邊，以斜布條包覆處理縫份。
（請參照P.83作法B）

④ 肩背帶 環釦（正面）
固定環釦安裝肩背帶

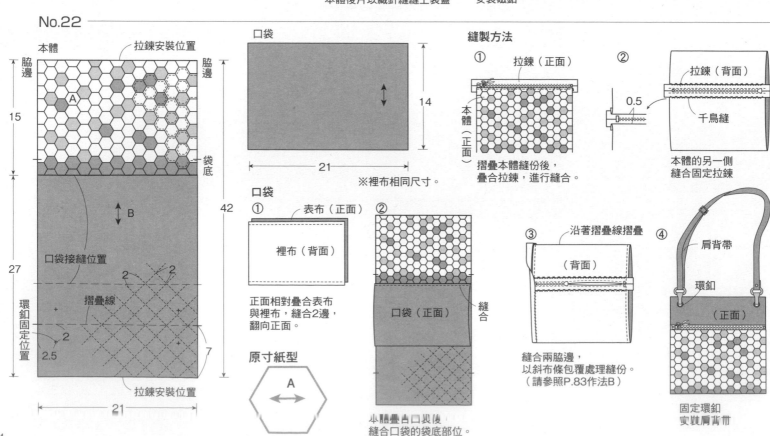

◆材料

各式拼接用布片 A、B用布110×35cm（包含提把裡布、滾邊、補強片部分） 鋪棉95×50cm 胚布95×80cm（包含底板部分） 寬2cm平面織帶140cm 內徑2cm環釦8顆 厚紙35×15cm

◆作法順序

拼接布片完成「風車」圖案的區塊後，接縫A與B布片，完成表布→疊合鋪棉與胚布，進行壓線→正面相對疊合，縫合脇邊→縫合側身→進行袋口滾邊→製作提把後安裝→製作底板，放入袋底，4個角上部位進行藏針縫。

完成尺寸 39.5×31cm

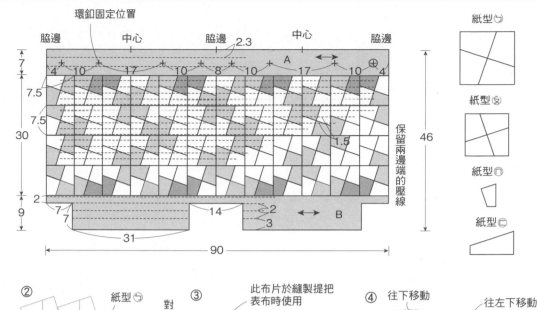

拼接方法

①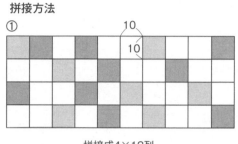

拼接成4×12列

②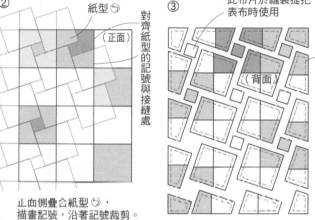

紙型㋑

（正面）

對齊紙型的記號與接縫處

正面側疊合紙型㋑，描畫記號，沿著記號裁剪。

③ 此布片於縫製提把表布時使用

（背面）

記號

布片背面側疊合紙型㋺至㋩，描畫記號。

④ 往下移動　往左下移動

往左端移動

並排區塊，移動作記號的布片、區塊。

脇邊的縫法

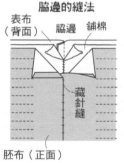

表布（背面）　脇邊　鋪棉

藏針縫

胚布（正面）

本體正面相對接縫成圈。（請參照P.83的縫份處理方法C）

側身的縫法

① 脇邊（背面）

摺疊側身後縫合

② （背面）

進行縫份滾邊

底板

①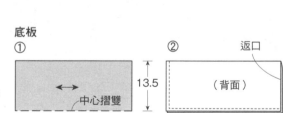

中心摺雙

30.5

13.5

② 返口

（背面）

正面相對對摺，預留返口，進行縫合。

③ 厚紙

（正面）

捲針縫

翻向正面，放入相同尺寸的底板，縫合返口。

⑤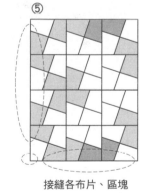

接縫各布片、區塊

提把

表布

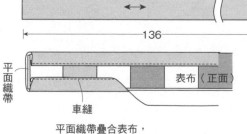

136

2

※使用拼接後剩餘的零碼布片。

裡布

136

3.6

平面織帶　表布（正面）

車縫

平面織帶疊合表布，以裡布包覆後進行縫合。

提把的安裝方法

①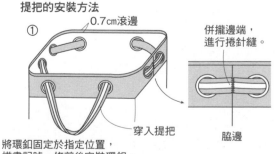

0.7cm滾邊

併攏邊端，進行捲針縫。

穿入提把

脇邊

將環釦固定於指定位置，描畫記號，修剪後安裝環釦。

② 補強片（2片）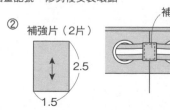

1.5

補強片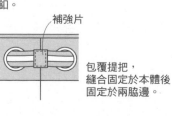

包覆提把，縫合固定於本體後，固定於兩脇邊。

提把

環釦

紙型㋑

紙型㋺

紙型㋩

紙型㋥

紙型㋭

◆材料

裝飾墊 紫色格紋布、鋪棉、胚布各40×40cm 16號十字繡線紫色、藍色、白色各適量

波奇包 粉紅色格紋布50×15cm 深粉紅色印花布70×30cm（包含滾邊、提把、包釦部分） 鋪棉、胚布各40×30cm 直徑1.8cm包釦心4顆 長20cm拉鍊1條 16號十字繡線藍色、COTTON PEARL 8號粉紅色繡線、毛線各適量

◆作法順序

裝飾墊 運用格紋布方格進行刺繡，完成表布→依圖示完成縫製→製作穗飾，固定於四角。

波奇包 2片A布片分別運用格紋布方格進行刺繡→接縫B、C布片，完成表布→疊合鋪棉與胚布，進行壓線→依圖示完成縫製→製作提把後接縫固定。

◆作法重點

○請配合格紋布的方格數，決定布片大小。縱橫方向的方格大小略微不同，製作裝飾墊時，請以正方形為優先，調整方格數。

○運用格紋布方格的刺繡方法，請參照P.24、P.25。

完成尺寸　裝飾墊32×32cm　波奇包 14×22cm

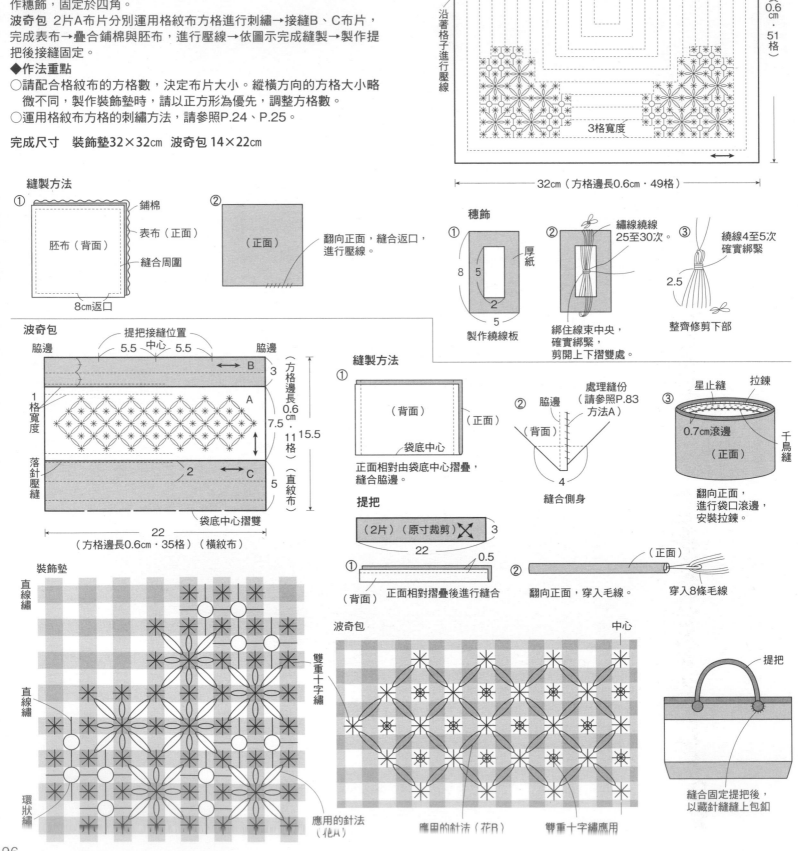

◆材料
手提袋 各式拼接用布片 C用布55×45cm（包含B布片部分） 袋口布55×40cm（包含提把表布、舌片、B布片部分） 裡袋用布65×75cm（包含提把裡布部分） 鋪棉65×75cm 胚布55×75cm 薄接著襯40×10cm 厚接著襯50×25cm 寬25cm鋁製彈簧口金1個 直徑1.5cm包釦4顆 寬0.5cm串珠8顆 直徑1cm棉繩40cm
波奇包 各式拼接用布片 鋪棉、胚布、裡袋用布各30×15cm 寬8.5cm蛙嘴口金1個 長5.5cm穗飾1個

◆作法順序
手提袋 拼接A、B布片後，接縫C布片，完成本體表布→疊合鋪棉與胚布，進行壓線→製作提把、舌片→依圖示完成縫製。
波奇包 拼接布片，完成2片本體表布→疊合鋪棉與胚布，進行壓線→依圖示完成縫製。

◆作法重點
○縫合手提包側身之後，本體袋底黏貼厚接著襯。
○口金安裝方法請參照P.27、P.29。

完成尺寸　手提袋28×45.5cm
　　　　　波奇包 10.5×12cm

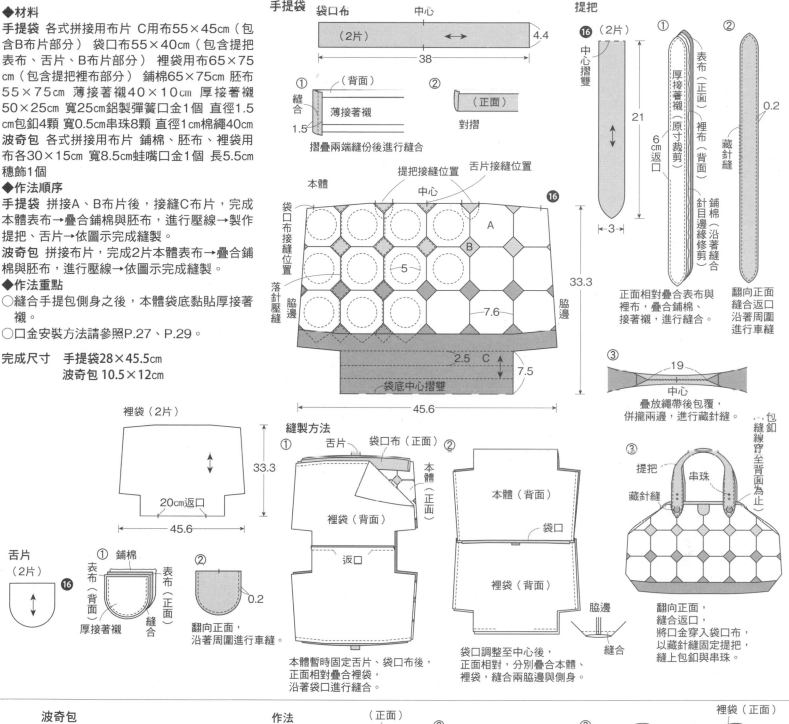

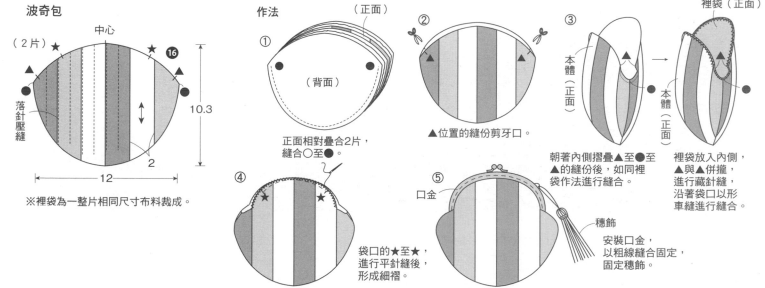

◆材料

眼鏡收納袋　各式貼布縫、包釦用布片　前片用布2種各10×25cm　後片用布15×25cm　單膠鋪棉、裡袋用布各25×30cm　寬8.5cm蛙嘴口金1個　直徑1.6cm包釦心2顆　長1cm龍蝦釦1個　種子珠、銀珠、直徑0.2cm珍珠各適量

波奇包　各式貼布縫用布片　前 後片用布35×15cm　側身用布10×40cm　單膠鋪棉40×30cm　裡袋用布40×20cm　寬12.5cm蛙嘴口金1個　長1cm龍蝦釦1個　種子珠、銀珠、直徑0.2cm珍珠適量

◆作法順序（相同）

進行貼布縫，完成表布→黏貼鋪棉，進行壓線→縫上串珠→依圖示完成縫製。

◆作法重點

○表布黏貼鋪棉後，沿著完成線進行細密疏縫，沿著縫線邊緣修剪鋪棉。

○口金安裝方法請參照P.29。

完成尺寸　眼鏡收納袋 19.5×9cm
　　　　　波奇包12.5×15.5cm

眼鏡收納袋

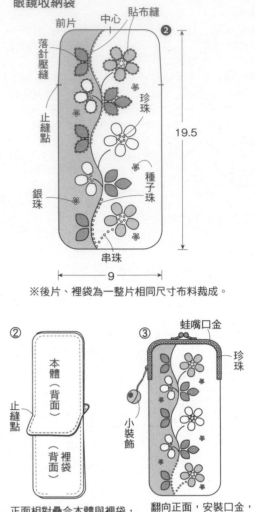

※後片、裡袋為一整片相同尺寸布料裁成。

小裝飾

縫製方法

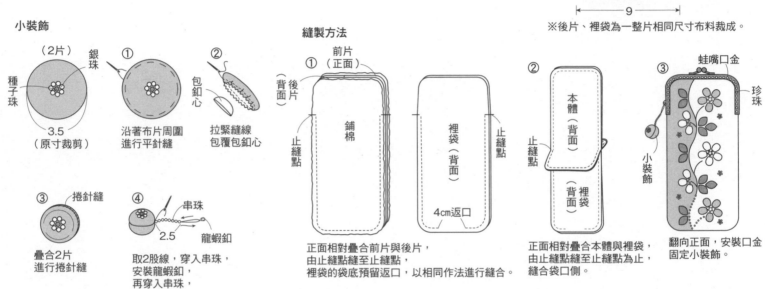

波奇包

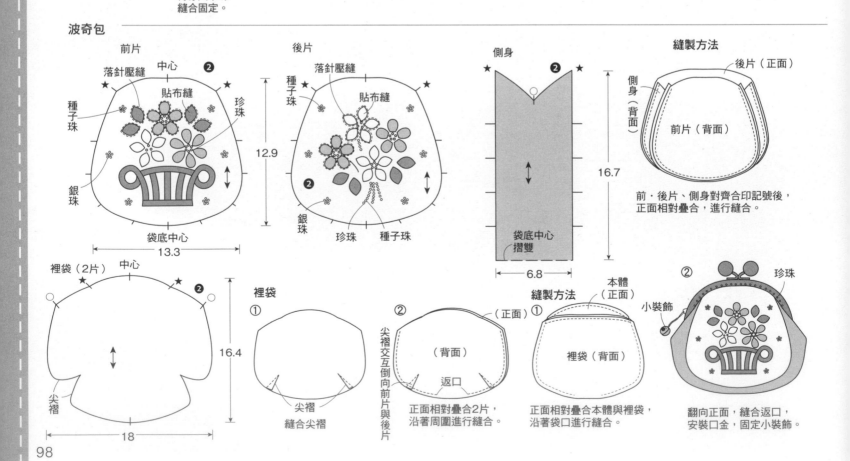

◆材料
各式拼接用布片、尾巴用布 後片用布20×15cm
鋪棉、胚布、裡袋用布各35×15cm 寬10.5cm蛙
嘴口金1個 棉花適量
◆作法順序（相同）
拼接布片，完成前片表布（後片為一整片布）→
疊合鋪棉、胚布，進行壓線→製作尾巴→依圖示
完成縫製。
◆作法重點
○蛙嘴口金安裝方法請參照P.33。

完成尺寸 11×15cm

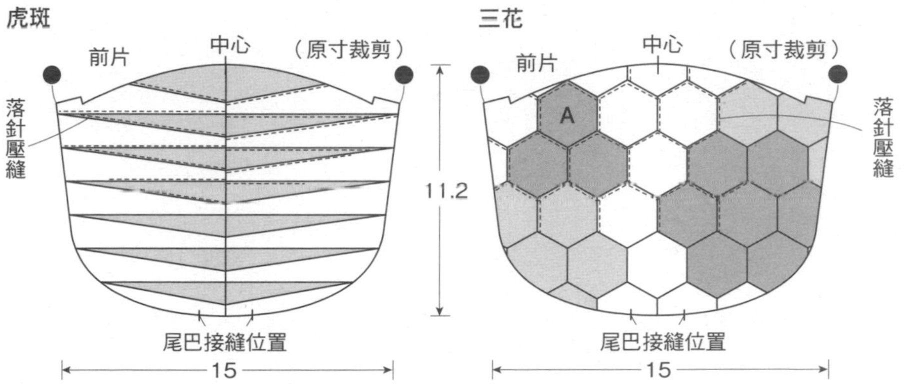

虎斑

前片 中心 （原寸裁剪）

落針壓縫

11.2

尾巴接縫位置

├─────── 15 ───────┤

三花

前片 中心 （原寸裁剪）

A

落針壓縫

11.2

尾巴接縫位置

├─────── 15 ───────┤

※裡袋為一整片相同尺寸布料裁成。

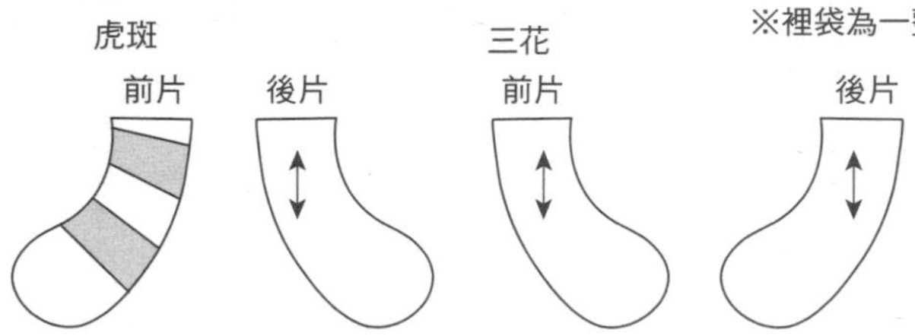

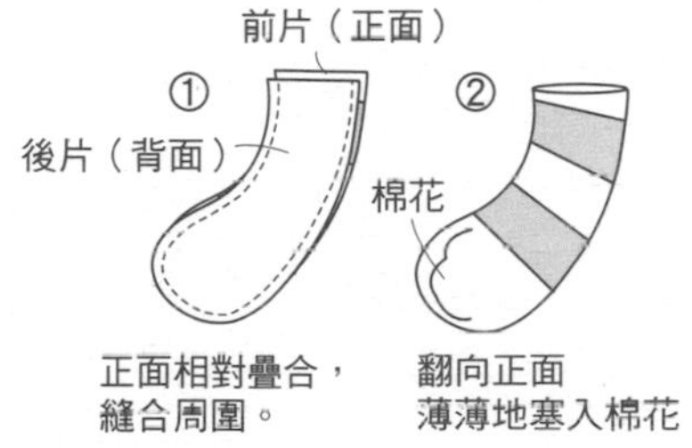

原寸紙型

A

尾巴

虎斑
前片　後片

三花
前片　後片

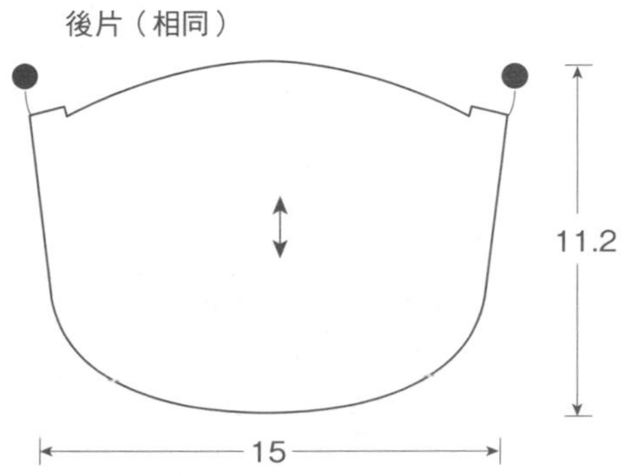

後片（相同）

11.2

├─────── 15 ───────┤

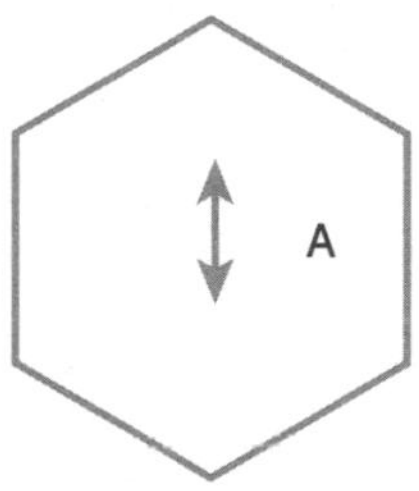

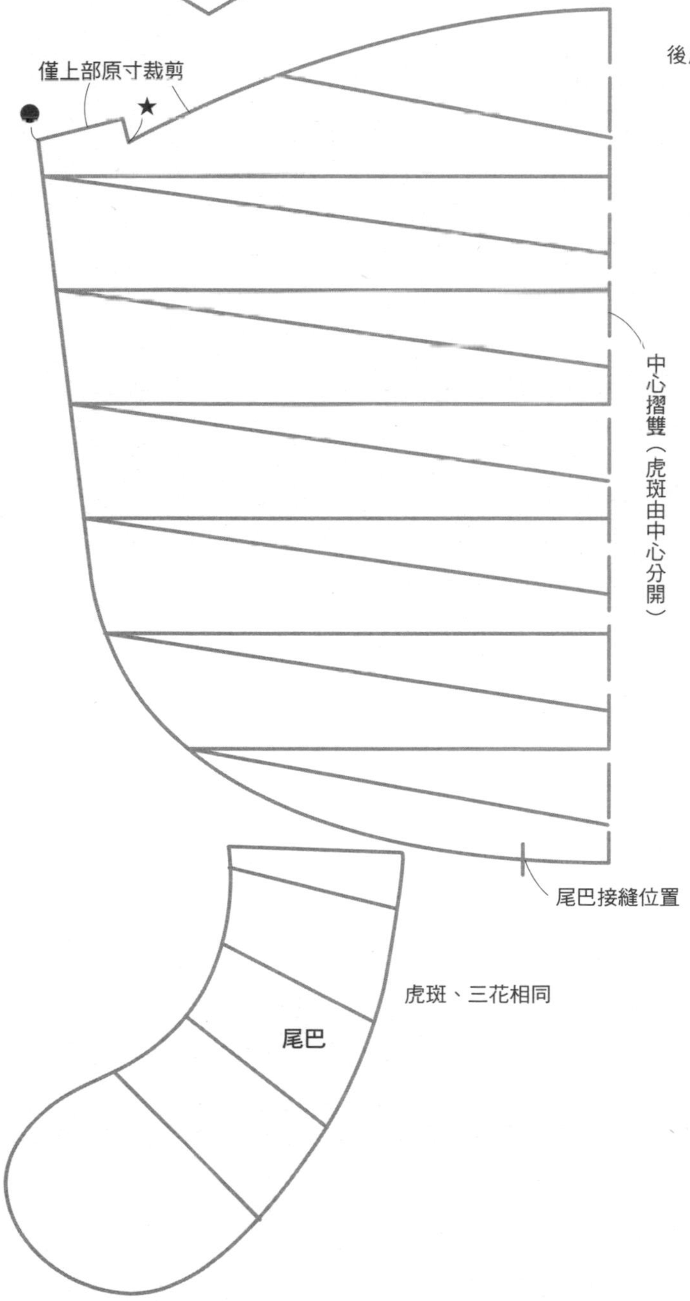

僅上部原寸裁剪

★

中心摺雙（虎斑由中心分開）

尾巴接縫位置

尾巴
虎斑、三花相同

前片（正面）
① 後片（背面）
正面相對疊合，
縫合周圍。

② 棉花
翻向正面
薄薄地塞入棉花

縫製方法
① ★ ★ 剪牙口
0.5
0.7
尾巴
正面相對疊合前片與後片，
縫合周圍，★位置剪牙口。
裡袋也以相同作法進行縫合。

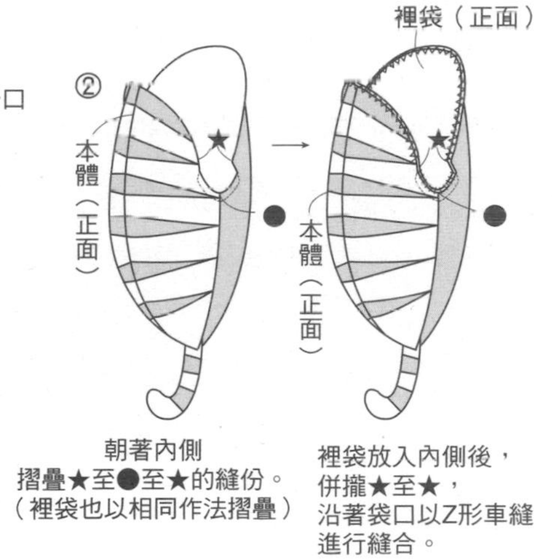

② 裡袋（正面）
本體（正面） 本體（正面）
★ ★
朝著內側
摺疊★至●至★的縫份。
（裡袋也以相同作法摺疊）
裡袋放入內側後，
併攏★至★，
沿著袋口以Z形車縫
進行縫合。

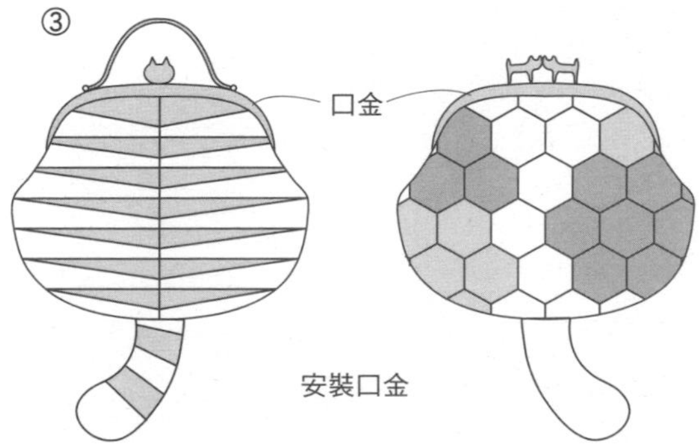

③ 口金 口金
安裝口金

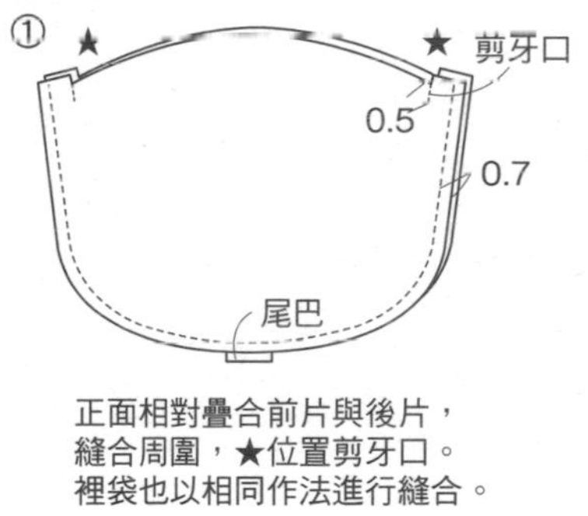

◆材料

小肩包 各式拼接用布片 後片用布 25×25cm 單膠鋪棉50×25cm 口袋用 PVC塑膠布25×15cm 裡袋㋐用布、接著 襯各25×15cm 裡袋㋑用布25×40cm 長 20cm拉鍊1條 寬1.5cm肩背帶120cm 直徑 1.8cm縫式磁釦1組 5號繡線適量

手機袋 各式拼接用、吊耳用布片 後片用 布15×45cm 口袋用PVC塑膠布10×15 cm 單膠鋪棉15×20cm 內尺寸1.8cm D型 環2個 長25cm附活動鉤提把1條

◆作法順序

小肩包 拼接A至D布片，完成5片圖案 後，接縫E與F布片，完成前片表布→前 片與後片的表布黏貼鋪棉，進行壓線→ 依圖示完成縫製。

手機袋 拼接a至d布片，完成2片圖案 後，接縫e至h布片，完成前片表布→黏 貼鋪棉，進行壓線→依圖示完成縫製→ 製作提把。

完成尺寸　小肩包22×22cm
　　　　　手機袋18×10cm

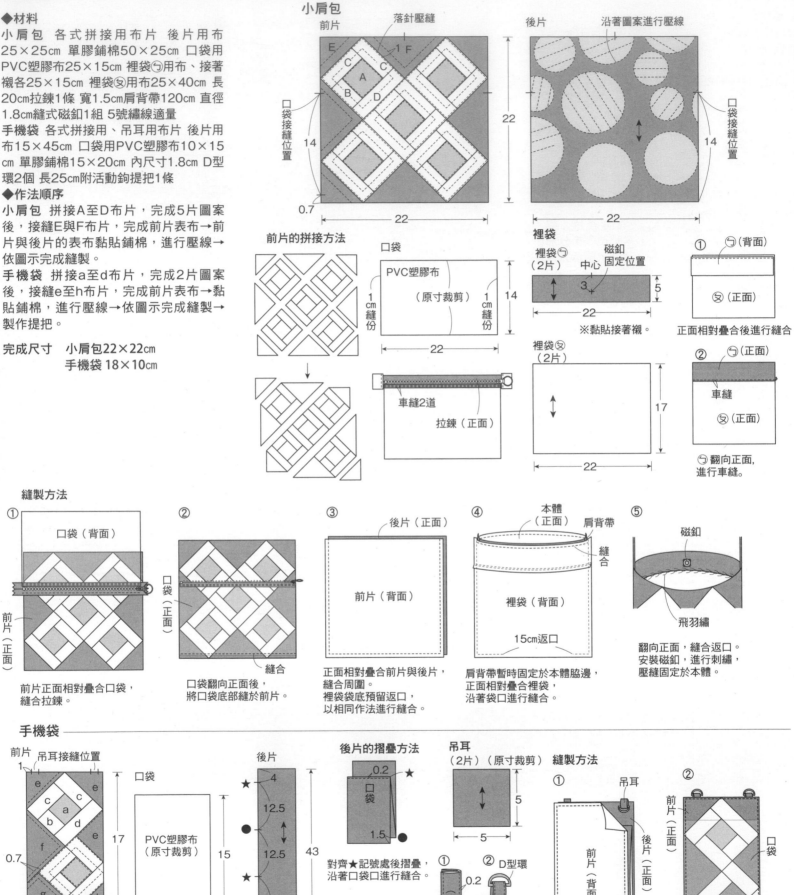

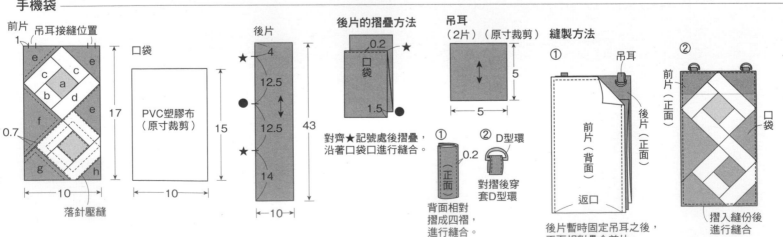

◆材料

相同 寬12cm蛙嘴口金1個 內側用寬0.3cm波形織帶45cm

No.40 MOLA貼布縫用布25×15cm（包含C布片部分） 前片表布40×25cm（包含D、D'側身部分） 單膠鋪棉、胚布、裡袋用布各40×30cm 寬0.5cm波形織帶60cm

No.39 各式拼接用布片 單膠鋪棉、胚布、裡袋用布各35×25cm

No.41 各式拼接用布片 側身用布30×15cm 袋底用布10×10cm 單膠鋪棉、胚布、裡袋用布各50×30cm

◆作法順序（相同）

拼接布片或進行貼布縫，完成前 後片（或本體、袋身、側身）的表布→各部位表布分別黏貼鋪棉，疊合胚布，進行壓線→依圖示完成縫製。

◆作法重點

○蛙嘴口金安裝方法請參照P.29。

完成尺寸　No.40 12.5×17cm
　　　　　No.39 12.5×19.5cm
　　　　　No.41 9×18cm

43
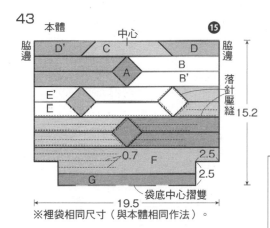

※裡袋相同尺寸（與本體相同作法）。

縫製方法

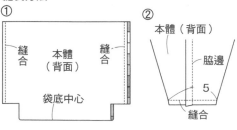

正面相對由袋底中心摺疊本體，縫合兩脇邊。

摺疊袋底後，縫合側身。

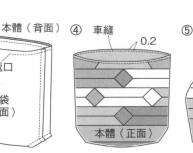

正面相對疊合本體與裡袋，預留返口，沿著袋口進行縫合。

翻向正面，摺入返口的縫份，以車縫方式進行壓縫。

安裝蛙嘴口金

No.40
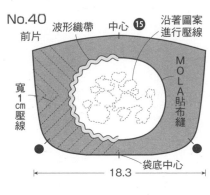

12.7

18.3

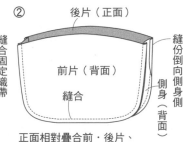

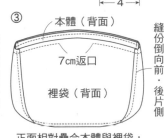

18.3

※裡袋與本體相同尺寸&相同作法。

側身

18.2

寬0.6cm壓線

袋底中心摺雙 4

縫製方法

①
表布背面疊合鋪棉與胚布，進行壓線，縫合固定織帶。
※後片與側身也以相同作法完成縫製。

②
正面相對疊合前‧後片、側身，進行縫合。
※裡袋也以相同作法完成製作。

③
正面相對疊合本體與裡袋，預留返口，沿著袋口進行縫合。

MOLA貼布縫

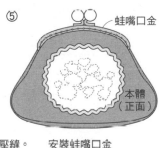

翻向正面，沿著袋口以車縫方式進行壓縫。

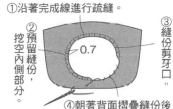

安裝蛙嘴口金

①沿著完成線進行疏縫。
②預留縫份，挖空內側部分。
③縫份剪牙口
0.7
④朝著背面摺疊縫份後，由背面側疊合MOLA貼布縫用布，進行藏針縫。

No.41

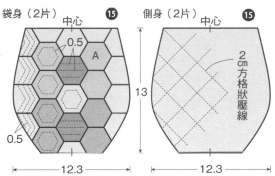

袋身（2片）
0.5
A
0.5
13
12.3

側身（2片）
2cm方格狀壓線
12.3

袋底
0.7
6.5
6.5
※裡袋與本體相同尺寸&相同作法。

縫製方法

①

正面相對疊合袋身與側身，進行縫合。

②

袋身（背面）
縫合
縫至記號
側身（背面）

燙開縫份，正面相對縫合袋底後，燙開縫份。

③
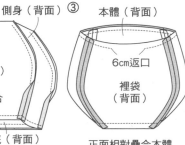
本體（背面）
6cm返口
裡袋（背面）

正面相對疊合本體與裡袋，預留返口，沿著袋口進行縫合。

④
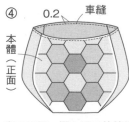
0.2 車縫
本體（正面）

翻向正面，摺入返口的縫份，沿著袋口以車縫方式進行壓縫。

⑤

安裝蛙嘴口金

No.53 手提袋 ●紙型B面⑬

◆材料

各式拼接用布片 J用布40×40cm（包含
A、H布片部分）鋪棉60×40cm 胚布
100×40cm（包含滾邊、補強片部分）
厚0.3cm PVC塑膠布40×40cm 寬0.8cm
織帶75cm 長45cm提把1組

◆作法順序

拼接布片，完成16片圖案→接縫圖案與
I、J布片，完成表布→疊合鋪棉與胚布，
進行壓線→依圖示完成縫製。

◆作法重點

○PVC塑膠布處理方法請參照P.23。

完成尺寸　23×34cm

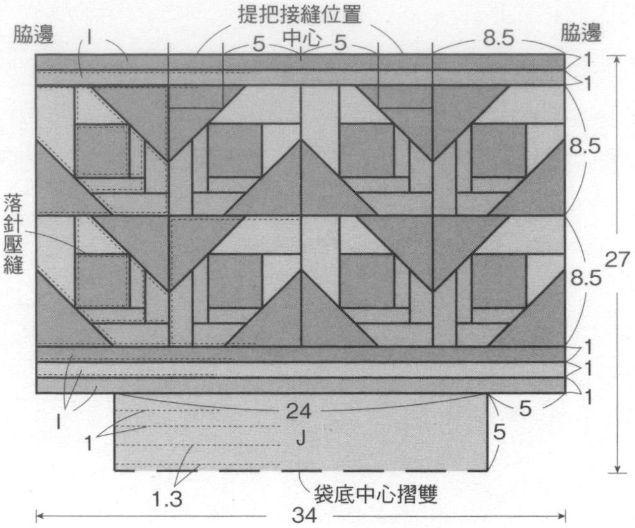

圖案配置圖

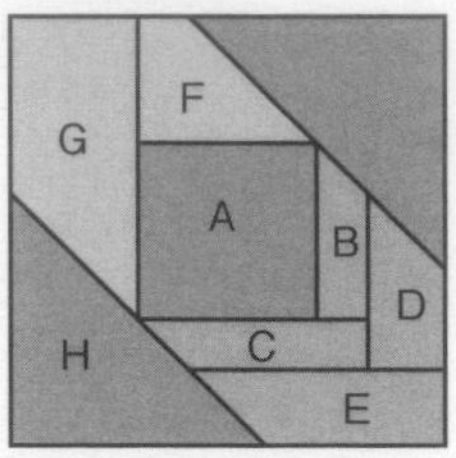

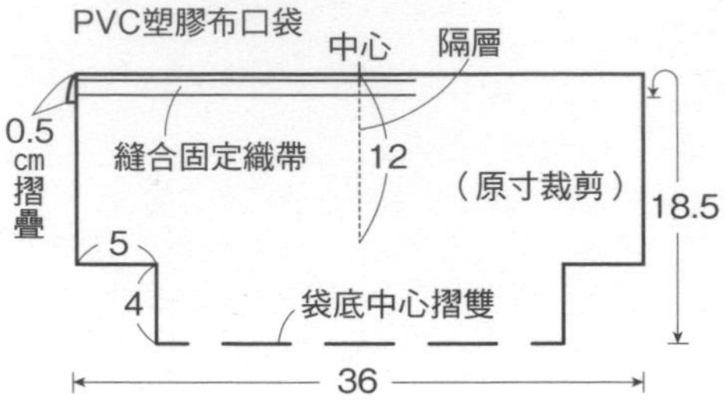

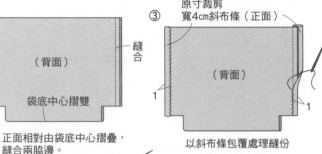
提把接縫位置

縫製方法

① 胚布（背面）
鋪棉
表布（正面）
壓線
車縫隔層
PVC塑膠布口袋（正面）
疏縫

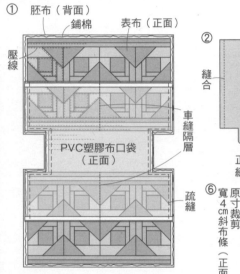

進行壓線後，疊合PVC塑膠布口袋，
進行疏縫，車縫隔層。

② （背面）
縫合
袋底中心摺雙

正面相對由袋底中心摺疊，
縫合兩脇邊。

③ 原寸裁剪
寬4cm斜布條（正面）
（背面）

以斜布條包覆處理縫份

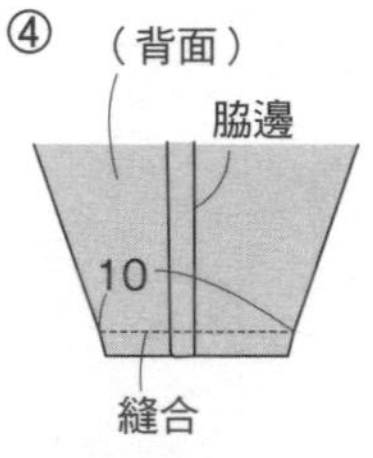

④ （背面）
脇邊
10
縫合

摺疊袋底，
縫合側身。

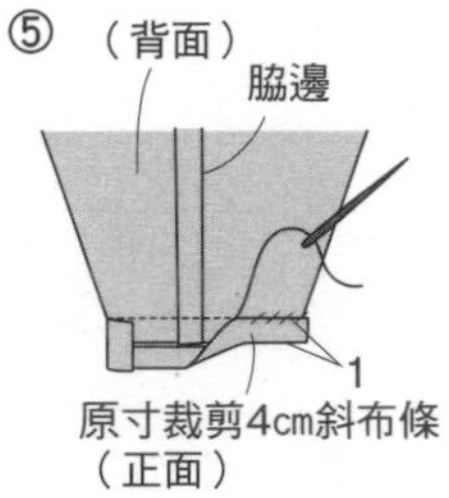

⑤ （背面）
脇邊
原寸裁剪4cm斜布條（正面）

以斜布條包覆處理縫份

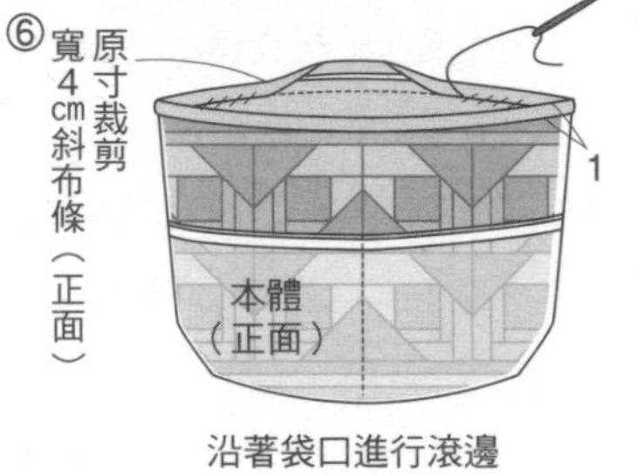

⑥ 寬4cm原寸裁剪斜布條（正面）
本體（正面）

沿著袋口進行滾邊

⑦ 提把（正面）
縫合針目
補強片（正面）
本體（正面）

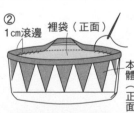

提把縫合固定於指定位置，
裡布側以藏針縫縫合補強片隱藏縫合針目。

No.24 波奇包

◆材料

各式拼接用布片 A至C用白色素布
（或米黃色印花布）、裡袋用布、鋪
棉、胚布各30×25cm 滾邊用寬4cm
斜布條60cm（包含拉鍊尾片、拉鍊
裝飾部分）長25cm拉鍊1條 串珠1
顆 棉花適量

◆作法順序

拼接A至C布片，完成表布→疊合鋪
棉與胚布，進行壓線→依圖示完成縫
製

完成尺寸　8×21cm

本體
落針壓縫
2cm方格狀壓線

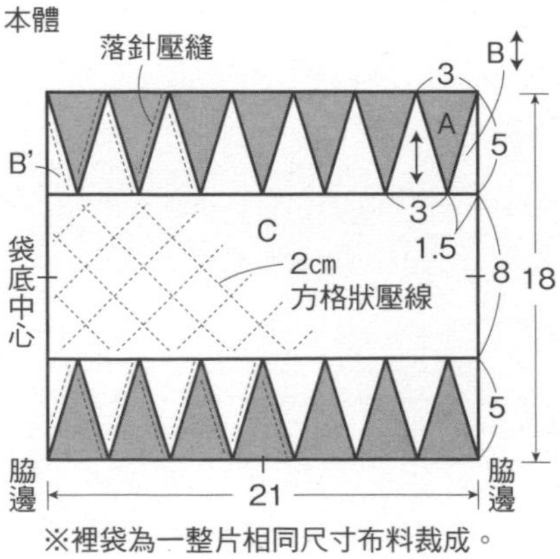

※裡袋為一整片相同尺寸布料裁成。

縫製方法

① 縫合兩脇邊
脇邊
本體（背面）
縫合側身

正面相對由袋底中心
摺疊，縫合兩脇邊。
摺疊袋底，縫合側身。
※裡袋相同作法。

② 1cm滾邊
裡袋（正面）
本體（正面）

翻向正面，放入裡袋，
沿著袋口進行滾邊。

③ 脇邊
星止縫
以千鳥縫縫合固定
邊端摺入內側
本體（正面）
脇邊

縫合固定拉鍊

拉鍊端部的處理方法

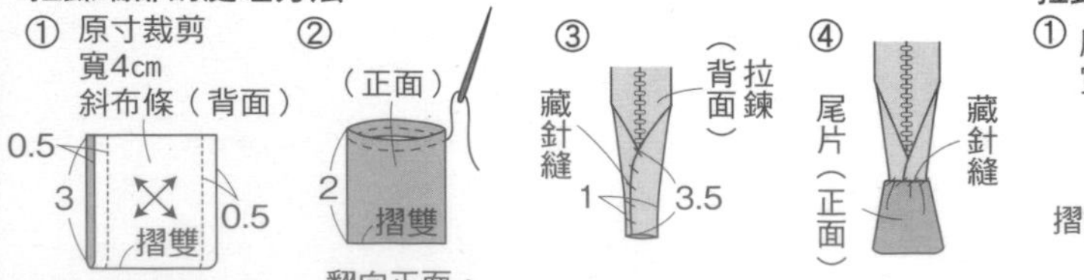

① 原寸裁剪
寬4cm斜布條（背面）
摺雙

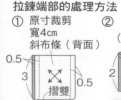

正面相對摺疊拉鍊
尾片，縫合兩邊端。

② （正面）
摺雙

翻向正面，
摺入上部縫份，
進行平針縫。

③ 藏針縫
（背面）拉鍊

朝著背面
摺疊拉鍊兩邊端

④ 尾片（正面）
藏針縫

以尾片套住拉鍊
端部，拉緊平針縫
線，進行藏針縫。

拉鍊裝飾

① 原寸裁剪
寬4cm斜布條（背面）
摺雙

正面相對摺疊
接縫成圈

② 拉鍊頭
（背面）
平針縫

拉鍊頭放入內側，
正面相對摺疊，
進行平針縫，
拉緊縫線。

③ （正面）

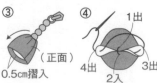

翻向正面
邊端摺入內側

④ 1出
4出
2入
3出

塞入棉花
依圖示順序
縫合固定

⑤ 串珠

縫上串珠

◆材料
各式拼接用布片 B用布25×25cm C用布110×50cm（包含後片用布部分） 鋪棉、胚布各50×50cm 長45cm拉鍊1條 寬1cm蕾絲120cm

◆作法順序
拼接A至C布片，完成前片表布→疊合鋪棉與胚布，進行壓線→後片安裝拉鍊→依圖示完成縫製。

◆作法重點
○縫合前片與後片時，事先打開拉鍊。

完成尺寸 45×45cm

A布片的原寸紙型＆
原寸壓線圖案

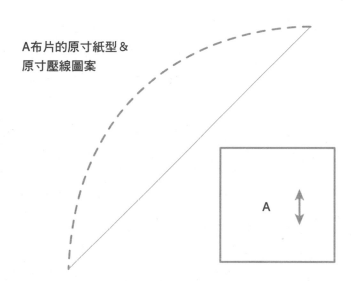

A

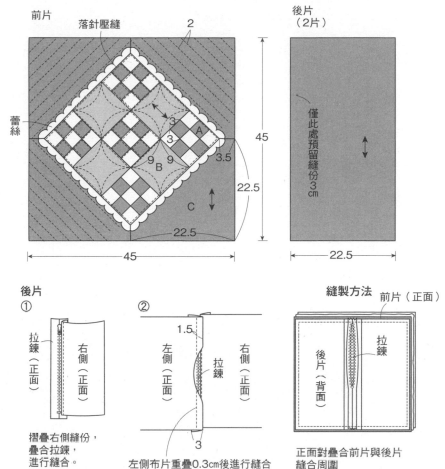

前片
落針壓縫
2
後片
（2片）

僅此處預留縫份3cm

蕾絲

3
3
A
45
9 9
B
3.5
22.5
C
22.5

45
22.5

後片
①
拉鍊（正面）
右側（正面）

摺疊右側縫份，
疊合拉鍊，
進行縫合。

②
1.5
左側（正面）
右側（正面）
拉鍊
3

左側布片重疊0.3cm後進行縫合

縫製方法
前片（正面）
拉鍊
後片（背面）

正面對疊合前片與後片
縫合周圍

P39 No.45 迷你壁飾

◆材料
各式拼接用布片 薄鋪棉、胚布各40×40cm 寬4.5cm
緞帶155cm

◆作法順序
拼接A至C布片，接縫緞帶，完成表布→疊合鋪棉與胚布，進行壓線→處理周圍。

◆作法重點
○處理周圍時，沿著完成線修剪鋪棉。

完成尺寸 36×36cm

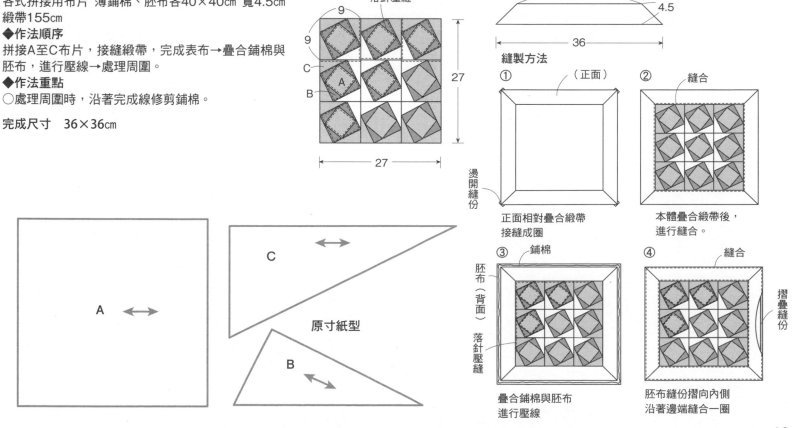

本體
落針壓縫
9
9
C
A
B
27
27

緞帶（4片）
27
4.5
36

縫製方法
①
（正面）

燙開縫份

正面相對疊合緞帶
接縫成圈

②
縫合

本體疊合緞帶後，
進行縫合。

③
鋪棉
胚布（背面）
落針壓縫

疊合鋪棉與胚布
進行壓線

④
縫合
摺疊縫份

胚布縫份摺向內側
沿著邊端縫合一圈

C
A
B
原寸紙型

◆材料

各式拼接用布片 鋪棉、裡布各30×25cm 釦絆表布15×10cm（包含筆插部分） 釦絆裡布、厚接著襯各10×10cm 透明夾層[大]用PVC塑膠布20×20cm 透明夾層[小]用PVC塑膠布10×15cm 口袋㋑用塑膠板20×20cm（包含口袋㋘部分） 口袋㋙用網布20×15cm 寬4cm藍色斜布條145cm 寬2.5cm粉紅色斜布條30cm 寬4cm粉紅色斜布條25cm 長8cm、15cm拉鍊各個1條 直徑1.4cm塑膠按釦4組 直徑0.5cm環釦1顆 布貼2片 珠鍊1條 25號粉紅色繡線適量

◆作法順序

拼接布片，完成正面表布→疊合鋪棉，進行壓線後，進行刺繡→釦絆固定按釦→完成各部位→依圖示完成縫製。

完成尺寸　20×14cm

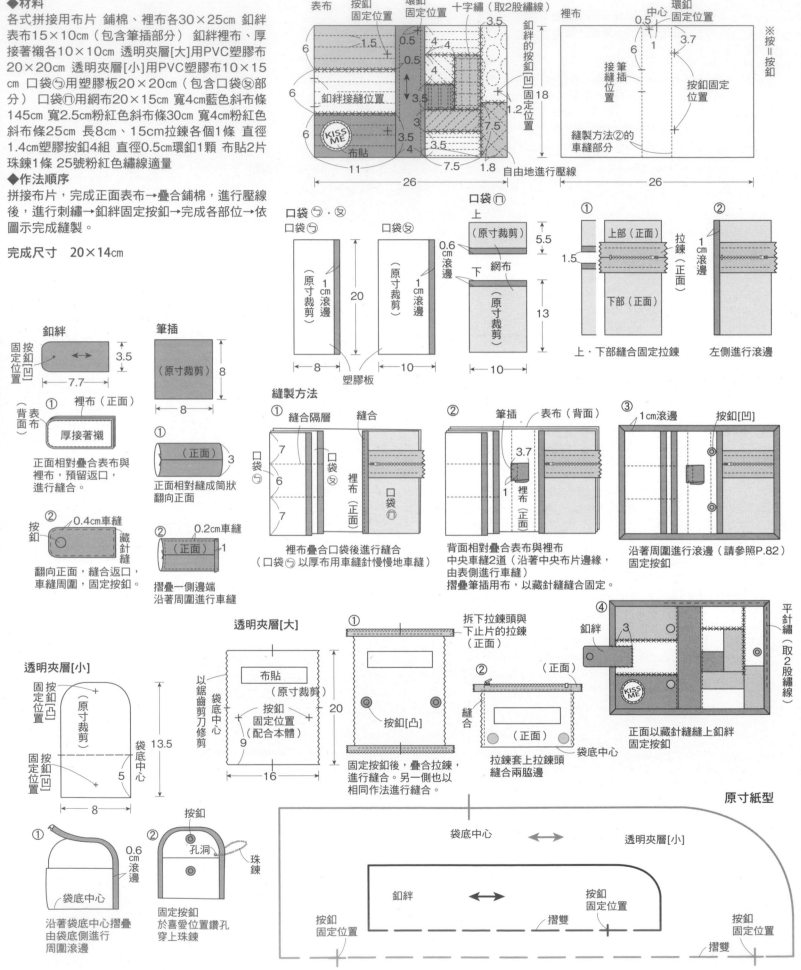

◆材料

各式拼接用布片 窗用花圖樣印花布45×40cm　A至H用布110×50cm（包含滾邊部分）　鋪棉、胚布各65×60cm　25號段染繡線適量

◆作法順序

拼接窗用布片與窗框用A至D布片，彙整成上部→拼接a與b布片，完成4個區塊，接縫E布片，彙整成下部→接縫上部與下部，周圍接縫F至H布片，完成表布→疊合鋪棉與胚布，進行壓線→進行刺繡→進行周圍滾邊（請參照P.82）。

完成尺寸　60×53cm

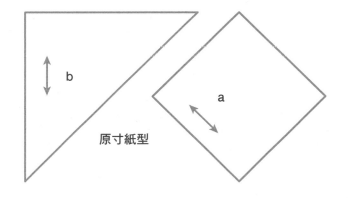

原寸紙型

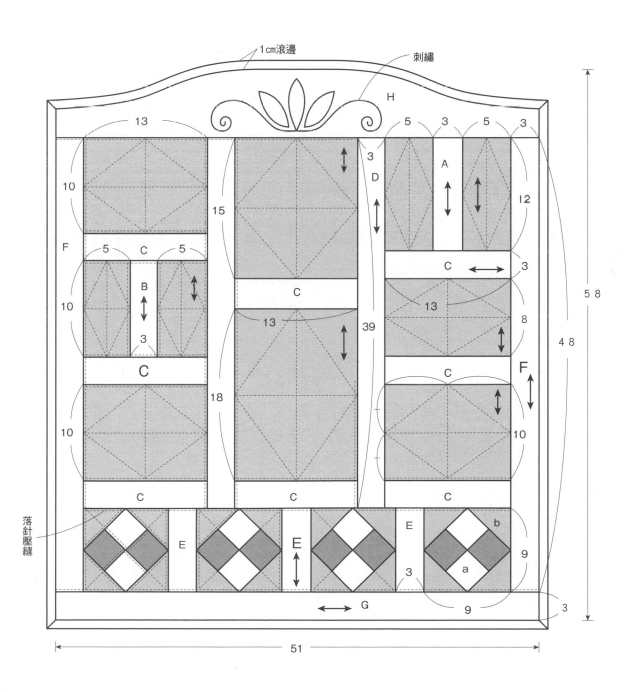

◆材料

No.67 各式A用布片 滾邊用寬3.5cm斜布條110cm
鋪棉、胚布、裡袋用布各35×25cm 長30cm拉鍊
1條

No.68 各式a用布片 滾邊用寬3.5cm斜布條120
cm 鋪棉、胚布各40×20cm 長20cm拉鍊1條

◆作法順序

No.67 拼接A布片，完成表布→疊合鋪棉與胚布，
進行壓線→進行周圍滾邊→依圖示完成縫製。

No.68 拼接a布片，完成2片表布→疊合鋪棉與胚
布，進行壓線→依圖示完成縫製。

完成尺寸 No.67 13×22cm No.68 14.5×16.5cm

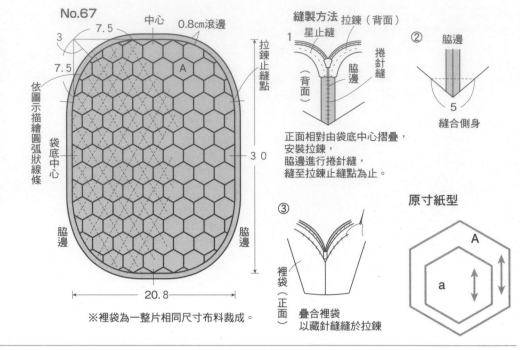

No.67

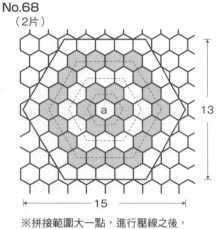

No.68
（2片）

※拼接範圍大一點，進行壓線之後，
擺放定規尺，描畫記號，裁掉多餘的部分。

※裡袋為一整片相同尺寸布料裁成。

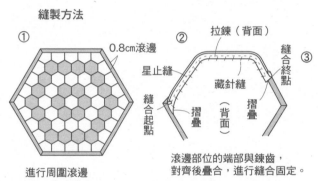

縫製方法

① 進行周圍滾邊

② 滾邊部位的端部與鍊齒，
對齊後疊合，進行縫合固定。

③ 另一側拉鍊
也以相同作法
縫合固定

④ 正面相對疊合2片，
進行捲針縫，
由起點縫至終點。

◆材料

各式拼接用布片 C至F用綠色素布55×55cm
（包含滾邊部分） 滾邊用寬3.5cm斜布條215cm
鋪棉、胚布各55×55cm

◆作法順序

拼接A與BB'布片，完成9片圖案→分別拼接
布片完成2個⇆帶狀區塊→圖案接縫成
3×3列，周圍接縫C、D、帶狀⇆、E、F
布片，完成表布→疊合鋪棉與胚布，進行壓
線→進行周圍滾邊（請參照P.82）。

◆作法重點

○完成表布後，配合表布調整波浪狀壓縫線
大小。

完成尺寸 51.5×51.5cm

原寸紙型

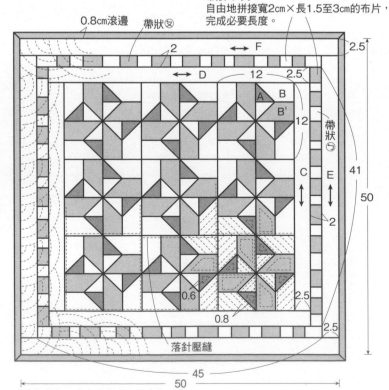

圖案的接縫順序

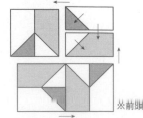

※箭頭為縫份倒向。

C 2.5×36cm D 2.5×41cm E 2.5×45cm

No.64 壁飾　●紙型A面⓬（A至D'布片原寸紙型）

◆材料
各式拼接、貼布縫用布片 E、F用布110×40cm 滾邊用寬3cm斜布條460cm 鋪棉、胚布各120×110cm 棉繩460cm
◆作法順序
A布片進行貼布縫，完成94片花圖案拼片→接縫B至D'布片→周圍接縫F、F布片，完成表布→疊合鋪棉與胚布，進行壓線→依圖示完成縫製。
◆作法重點
○沿著周圍進行壓線時，留下一部分暫不壓線，進行藏針縫，將胚布縫於滾邊繩之後，才完成該部分壓線。

完成尺寸　116×107cm

滾邊繩

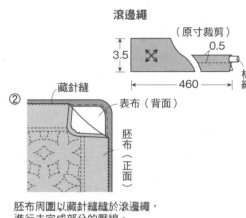

（原寸裁剪）
0.5
3.5
460
棉繩

縫製方法
① 圓弧狀
滾邊繩
表布（正面）

進行周圍壓線時暫不壓線，
表布周圍疊合滾邊繩
後進行縫合。

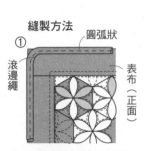

② 藏針縫
表布（背面）
胚布（正面）

胚布周圍以藏針縫縫於滾邊繩，
進行未完成部分的壓線。

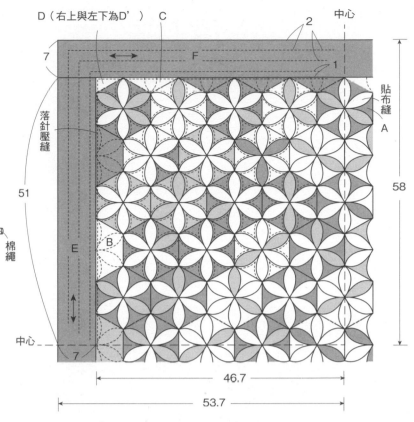

D（右上與左下為D'）　C　中心
2
7　　F　　1
中心
落針壓縫
51
E
B
7
58
46.7
53.7
貼布縫 A

No.66 壁飾　●紙型A面⓫

◆材料
各式拼接、貼布縫用布片 a用布50×40cm b、c用布60×50cm 滾邊用寬4cm斜布條260cm 鋪棉、胚布各60×75cm 寬0.5cm蠟繩40cm 直徑0.8cm眼睛用鈕釦2顆 寬1.2cm星形、寬1cm線軸形鈕釦各1顆 寬1.5cm蕾絲緞帶25cm
◆作法順序
拼接A與B、C與D、E與F布片，a布片進行貼布縫，周圍接縫c、d布片，進行未完成部分的貼布縫，完成表布→疊合鋪棉與胚布，進行壓線→進行周圍滾邊→縫上鈕釦與緞帶。
◆作法重點
○進行老虎圖案貼布縫時，夾縫固定耳朵與尾巴部位的蠟繩。

完成尺寸　67×58cm

耳朵
① （正面）
（背面）
② 耳朵（正面）台布

正面相對疊合，
進行縫合，
翻向正面。

臉部

耳朵的原寸紙型
（左右對稱各2片）

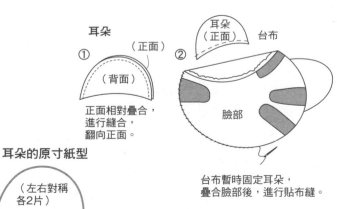

台布暫時固定耳朵，
疊合臉部後，進行貼布縫。

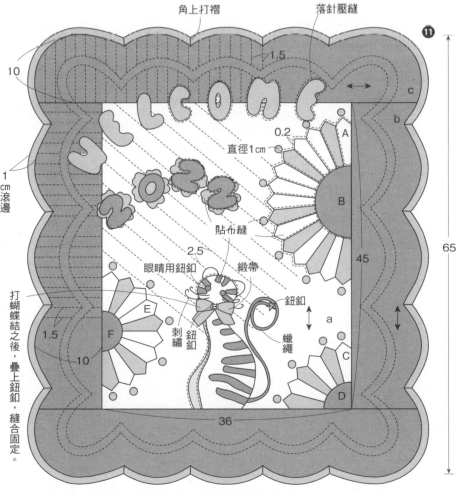

角上打褶　落針壓縫
⓫
10
1.5
c
b
1 cm 滾邊
直徑1cm
0.2
A
貼布縫
2.5
眼睛用鈕釦　緞帶
打蝴蝶結之後，疊上鈕釦，縫合固定。
1.5
10
E
F
刺繡
鈕釦
蠟繩
a
鈕釦
B
45
65
C
D
36
56

◆材料
室內地毯 各式拼接用布片 C用布80×55cm（包含滾邊部分） D用布4種各15×55cm E、F用布110×50cm 鋪棉、胚布各80×130cm
置物籃 各式拼接用布片 c用布30×25cm e用布95×40cm（包含袋底、滾邊部分） d用布5種各10×25cm 鋪棉95×60cm 袋身胚布95×55cm（包含襯底墊表布部分） 袋底胚布（包含襯底墊裡布部分）65×35cm 厚紙30×30cm 長30cm提把1組

◆作法順序
室內地毯 拼接A、B布片，接縫C、D布片，周圍接縫E、F布片，完成表布→疊合鋪棉、胚布，進行壓線→進行周圍滾邊（請參照P.82）。
置物籃 拼接a、b布片，接縫c、d布片，接縫e布片，完成袋身表布→疊合鋪棉、胚布，進行壓線→袋底也以相同作法進行壓線→依圖示完成縫製→製作襯底墊後放入。

◆作法重點
○置物籃胚布裁大一點，包覆脇邊與袋底縫份之後，進行藏針縫。

完成尺寸 室內地毯 71×121cm
　　　　 置物籃高23cm 直徑28cm

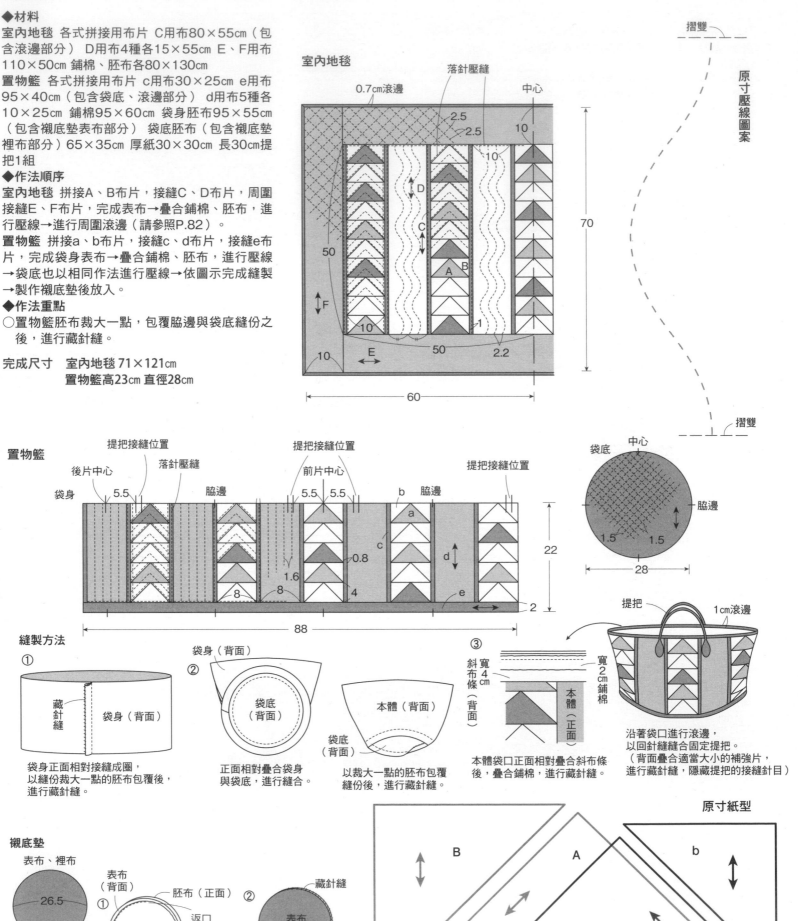

室內地毯

0.7cm滾邊　落針壓縫　中心
2.5
2.5　10
10
D
70
C
A B
50
F
10　50　2.2
E
10
60

原寸壓線圖案
摺雙
摺雙

置物籃

後片中心　提把接縫位置　落針壓縫　提把接縫位置　前片中心　提把接縫位置
袋身　5.5　脇邊　5.5 5.5　b　脇邊
a
c
0.8　d
1.6
8　8　4　e　2
88
22

袋底　中心
脇邊
1.5　1.5
28

縫製方法

① 袋身（背面）
藏針縫
袋身正面相對接縫成圈，
以縫份裁大一點的胚布包覆後，
進行藏針縫。

② 袋身（背面）
袋底（背面）
正面相對疊合袋身
與袋底，進行縫合。

本體（背面）
袋底（背面）
以裁大一點的胚布包覆
縫份後，進行藏針縫。

③ 斜布條（背面）寬4cm　寬2cm鋪棉
本體（正面）
本體袋口正面相對疊合斜布條
後，疊合鋪棉，進行藏針縫。

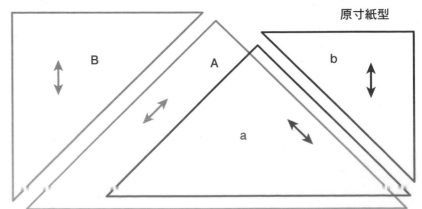

提把　1cm滾邊

沿著袋口進行滾邊，
以回針縫縫合固定提把。
（背面疊合適當大小的補強片，
進行藏針縫，隱藏提把的接縫針目）

襯底墊
表布、裡布
26.5

表布（背面）
① 胚布（正面）
返口
鋪棉
正面相對疊合表布與裡布，
預留返口，進行縫合。

② 表布（正面）
藏針縫
翻向正面，放入厚紙，
以藏針縫縫合返口。

※厚紙相同尺寸。

原寸紙型

B　A　b
a

◆材料
玫瑰花樣印花布（包含後片、側身、滾邊部分）110×80cm 淺茶色花布110×60cm
（包含裡布部分） 鋪棉110×65cm 長48cm提把1組

◆作法順序
製作9片圖案，接縫成3×3列，完成前片表布→疊合鋪棉、胚布，進行壓線→後片與
側身也以相同作法進行壓線→進行滾邊→依圖示完成縫製。

完成尺寸　36.5×36cm

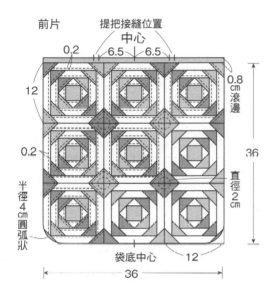

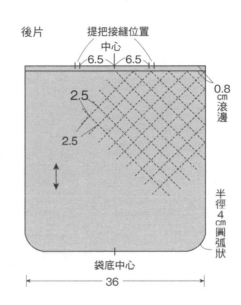

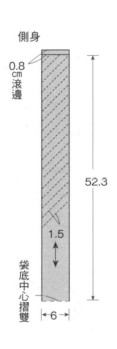

圖案配置圖

縫製方法

①

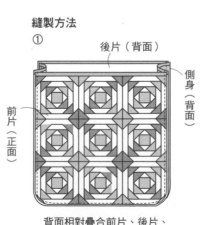

背面相對疊合前片、後片、
側身，進行縫合。

②

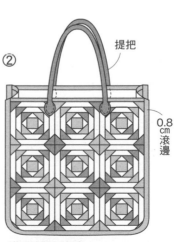

進行縫份滾邊，
以回針縫接縫提把。

◆材料
各式拼接用和布 E用布15×15cm F用布35×310cm（包含G、H、J、K用部分） 胚布、胚布各100×220cm 滾邊用寬4cm斜布條535cm

◆作法順序
拼接A至D布片，完成9片圖案→接縫圖案與E至H布片，完成內側表布→接縫A至I布片，完成帶狀區塊→周圍接縫區塊與J、K布片，完成表布→疊合鋪棉與胚布，進行壓線→進行周圍滾邊（請參照P.82）。

完成尺寸 132×132cm

原寸紙型 I

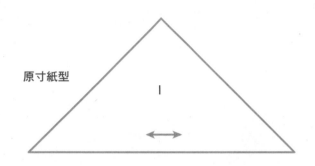

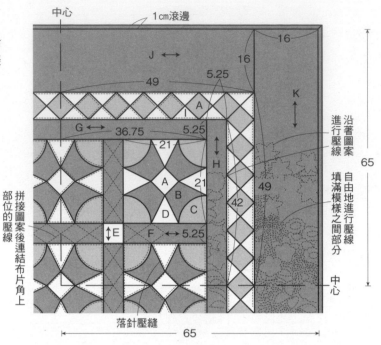

中心 1cm滾邊 16 16 J 5.25 49 K A I G 36.75 5.25 H 21 A 21 B 42 49 D C E F 5.25 落針壓縫 65

沿著圖案進行壓線 自由地進行壓線 填滿模樣之間部分 中心

拼接圖案後連結布片角上部位的壓線

65 65

繡法

輪廓繡

3出 1 3 5出 重複步驟2至3
1出 2入 2 4入

平針繡
5出 3出 2入 1出 4入

回針繡
1出 3出 2入

8字結粒繡
1出 繡線捲繞成8字形 稍微拉緊這條線，繡針由1穿出後，由近旁位置穿入。

雛菊繡
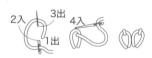
2入 3出 4入 1出

法國結粒繡
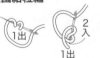
2入 1出 1入

毛邊繡

5出 3出 1出 4入 2入 重複步驟2至3

緞面繡
3出 1出 2入 平針繡 一邊調節針目，一邊重複步驟2至3。

直線繡
1 3 5 出 出出 7出 2 4 6 入入入 8入

飛行繡

1出 3出 2入 4入

雙飛羽繡
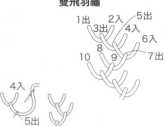
1出 2入 5出 3出 4入 6入 8 6入 10 9 7入

飛羽繡
1出 2入 4入 3出 5出

蜘網玫瑰繡
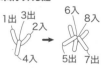
1出 3出 6入 8入 2入 4入 5入 7入
① 繡線如圖示於台布上渡線後，繡縫5條線腳。
② 縫針由台布背面穿出（①出）後，交互穿繞步驟①的線腳。
1出
③ 針重複步驟①、②，確實地填滿繡縫線腳範圍。

魚骨繡

3出 2入 3 2 1出 5出 4入
3 2 6 1 5 4

六角形的接縫方法

布片的拼接方法

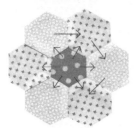

以7片六角形布片拼接完成「祖母的花園」圖案為例進行解說。
※箭頭為縫份倒向。

1 於中心布片周圍拼接6片布片。首先，間隔1片，拼接3片，由記號縫至記號。

2 接著進行鑲嵌拼縫，接合另外3片。正面相對疊合布片，對齊第一邊記號，以珠針固定。避開縫份。

3 由記號縫至記號，進行一針回針縫後，對齊下一邊，以珠針固定，以相同作法進行縫合。避開縫份，反覆以上步驟。

圖案的接縫方法

一邊確認拼縫位置，一邊以鑲嵌拼縫完成帶狀區塊。帶狀區塊也以鑲嵌拼縫進行接合，然後決定縫份倒向，分別處理。

帶狀區塊的拼接方法

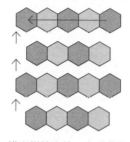

橫向拼接布片，完成帶狀區塊後，進行鑲嵌拼縫，彙整成帶狀區塊。箭頭為縫份倒向。

以布片接縫圖案

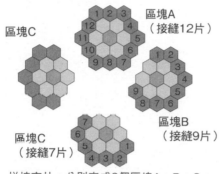

區塊C　區塊A（接縫12片）　區塊B（接縫9片）　區塊C（接縫7片）

拼接布片，分別完成2個區塊A、B、C。進行鑲嵌拼縫，依序接縫於圖案周圍。

圍繞圖案周圍

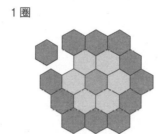

1圈

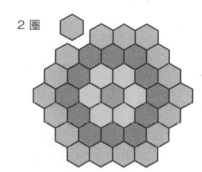

2圈

「祖母的花園」圖案周圍，分別接縫1片六角形布片。第1片由記號縫至記號，其餘布片進行鑲嵌拼縫。

以紙襯輔助法拼接布片

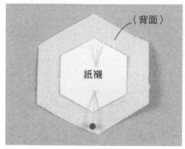

（背面）

紙襯

1 紙襯※依完成尺寸，布片預留縫份0.7cm後分別裁剪。布片疊合紙襯，以珠針固定。
※建議使用背紙為明信片厚度的紙襯。市面上就能夠買到。

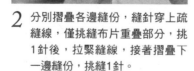

2 分別摺疊各邊縫份，縫針穿上疏縫線，僅挑縫布片重疊部分，挑1針後，拉緊縫線，接著摺疊下一邊縫份，挑縫1針。

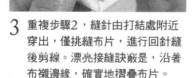

3 重複步驟2，縫針由打結處附近穿出，僅挑縫布片，進行回針縫後剪線。漂亮接縫訣竅是，沿著布襯邊緣，確實地摺疊布片。

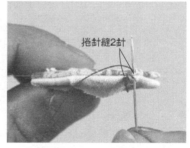

捲針縫2針

4 正面相對疊合相鄰布片，對齊各邊，僅挑縫布片，由內側進行捲針縫，完成角上2針。

捲針縫2針

5 進行捲針縫，至角上部位後，先返回，再接著縫至底下的角上為止。返回內側2針位置，完成捲針縫後，打開布片，將縫線打結剪線。

6 進行捲針縫，拼接下一片布片。以捲針縫接合2邊。

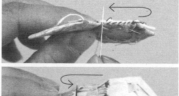

7 正面相對疊合布片，如同步驟4作法，由內側2針位置開始進行捲針縫，縫至外側的角上部位後返回，接著縫至內側的角上為止。

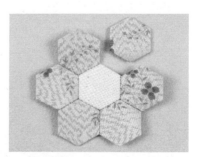

8 最後1片布片以捲針縫接合3邊。拼接所有布片後，拆掉疏縫線，撕掉紙襯。

PATCHWORK 拼布教室

國家圖書館出版品預行編目(CIP)資料

Patchwork拼布教室25：連接幸福的小巧拼布：口金手提袋
與波奇包選集 / BOUTIQUE-SHA授權；彭小玲, 林麗秀譯.
-- 初版. -- 新北市：雅書堂文化事業有限公司, 2022.02
面；　公分. -- (Patchwork拼布教室；25)
ISBN　978-986-302-616-7(平裝)

1.CST: 拼布藝術 2.CST: 手工藝

426.7　　　　　　　　　　　　　111000492

授　　　　　權／BOUTIQUE-SHA
譯　　　　者／彭小玲・林麗秀
社　　　　長／詹慶和
執　行　編　輯／黃璟安
編　　　　輯／蔡毓玲・劉蕙寧・陳姿伶
封　面　設　計／韓欣恬
美　術　編　輯／陳麗娜・周盈汝
內　頁　編　排／造極彩色印刷
出　　版　　者／雅書堂文化事業有限公司
發　　行　　者／雅書堂文化事業有限公司
郵 政 劃 撥 帳 號／18225950
郵 政 劃 撥 戶 名／雅書堂文化事業有限公司
地　　　　址／新北市板橋區板新路206號3樓
電　　　　話／(02)8952-4078
傳　　　　真／(02)8952-4084
網　　　　址／www.elegantbooks.com.tw
電　子　郵　件／elegant.books@msa.hinet.net

原書製作團隊

編　輯　長／関口尚美
編　　　輯／神谷夕加里
編 輯 協 力／佐佐木純子・三城洋子・谷育子
攝　　　影／腰塚良彦（本誌）・山本和正
設　　　計／和田充美（本誌）・小林郁子・多田和子
　　　　　　　松田祐子・松本真由美・山中みゆき
製　　　圖／大島幸・小坂恒子・為季法子
繪　　　圖／木村倫子・三林よし子
紙 型 描 圖／共同工芸社・松尾容巳子

2022年02月初版一刷　定價／420元

總經銷／易可數位行銷股份有限公司
地址／新北市新店區寶橋路235巷6弄3號5樓
電話／（02）8911-0825　傳真／（02）8911-0801